博碩文化

Web 3.0
去中心化的未來

- 區塊鏈、NFT、DeFi，解鎖去中心化科技重塑未來經濟
- 顛覆傳統網路規則，看 Web3.0 將如何改變數位世界
- 去中心化時代來臨，數據主權終於回到使用者手中
- 人工智慧×Web3.0，開啟智慧數位時代新篇章

Kevin Chen 著

作　　者：Kevin Chen
編　　輯：林楷倫

董 事 長：曾梓翔
總 編 輯：陳錦輝

出　　版：博碩文化股份有限公司
地　　址：221 新北市汐止區新台五路一段 112 號 10 樓 A 棟
　　　　　電話 (02) 2696-2869　傳真 (02) 2696-2867

發　　行：博碩文化股份有限公司
郵撥帳號：17484299　戶名：博碩文化股份有限公司
博碩網站：http://www.drmaster.com.tw
讀者服務信箱：dr26962869@gmail.com
訂購服務專線：(02) 2696-2869 分機 238、519
（週一至週五 09:30 ～ 12:00；13:30 ～ 17:00）

版　　次：2025 年 4 月初版一刷

博碩書號：MO22418
建議零售價：新台幣 500 元
Ｉ Ｓ Ｂ Ｎ：978-626-414-188-8

律師顧問：鳴權法律事務所 陳曉鳴律師

本書如有破損或裝訂錯誤，請寄回本公司更換

國家圖書館出版品預行編目資料

Web3.0 去中心化的未來 / Kevin Chen著. -- 初版.
-- 新北市：博碩文化股份有限公司, 2025.04
　面；　公分

ISBN 978-626-414-188-8(平裝)

1.CST: 網際網路 2.CST: 全球資訊網

312.1695　　　　　　　　　　　114004158

Printed in Taiwan

博碩粉絲團　歡迎團體訂購，另有優惠，請洽服務專線
　　　　　　(02) 2696-2869 分機 238、519

商標聲明

本書中所引用之商標、產品名稱分屬各公司所有，本書引用純屬介紹之用，並無任何侵害之意。

有限擔保責任聲明

雖然作者與出版社已全力編輯與製作本書，唯不擔保本書及其所附媒體無任何瑕疵；亦不為使用本書而引起之衍生利益損失或意外損毀之損失擔保責任。即使本公司先前已被告知前述損毀之發生。本公司依本書所負之責任，僅限於台端對本書所付之實際價款。

著作權聲明

本書著作權為作者所有，並受國際著作權法保護，未經授權任意拷貝、引用、翻印，均屬違法。

引言

11月23日，這已經是艾米出院的第十四天了。

兩週前，艾米和同學在晚上比賽跑步，沒有看清路上的鐵柵欄，反而加速衝了上去，以至於一邊大腿過了柵欄，另一邊還沒過去，艾米整個人被柵欄掀翻在地，再次醒來時就已經躺在了醫院病床上。

艾米聽同學說起那晚的情況，才知道原來自己的大腿是錯位著地的，鼻梁骨也因為巨大的衝擊不停地流血。太糟糕了，艾米心想。

好在後面的手術和康復都還算是順利，在手術的兩天後，艾米就能重新著地並開始做一些康復訓練。在手術後的第三天，艾米就出院了。

今天，已經是艾米出院的第十四天。每一天，艾米都需要進行康復治療和恢復訓練，來加速大腿的康復並盡快恢復到正常生活狀態。

早上7點，艾米被家庭機器人喚醒，她輕輕伸了個懶腰，然後坐起身來準備開始新一天的康復訓練。在艾米的床頭櫃上，放著一台小巧的螢幕，螢幕連接著艾米所有的智慧穿戴裝置，包括智慧手錶、智慧戒指、智慧背心等等，並動態顯示著艾米的身體狀況和生理數據。過去的每天早上，艾米醒來都會習慣性的看一看昨夜她的睡眠質量和心率數據。摔傷後，艾米又多了一項需要每天監測的指標，那就是艾米的康復情況和運動數據。

「早安，艾米！準備好開始今天的康復訓練了嗎？」康雲向艾米走過來——康雲是醫生根據艾米的受傷情況為艾米訂製的一款康復機器人，康雲知道艾米的受傷情況，也清楚艾米的健康狀態，並能夠根據可穿戴裝置的即時資訊為艾米訂製最適合艾米的康復訓練計劃。

引言

　　艾米穿上了配備感測器的康復訓練服，這件服裝能夠監測她的運動姿勢和肌肉活動情況，艾米向康雲點點頭：「好的，我已經準備好了。」在受傷的十幾天裡，康雲早已成為艾米最親密的伙伴，康雲教會艾米如何應對病痛，如何正確地進行康復訓練，並且隨時提供鼓勵和支持。事實上，正是因為康雲的陪伴，艾米才能獲得如此快速的恢復。

　　接著，康雲開始通過語音指導艾米進行各種伸展動作和力量訓練，艾米則按照指示逐漸調整好呼吸，將注意力集中在每一個動作上，緩慢地進行著伸展運動，同時，康復訓練服記錄著艾米每一個動作的幅度和頻率，並將最新的數據即時上傳給康雲。康雲又基於每一次的數據不斷給予艾米鼓勵和建議，幫助她調整動作的力度和角度，確保康復訓練的效果最大化。

　　一個半小時的康復訓練很快結束，隨著每日康復訓練的進行，艾米感受到了自己身體正在漸漸恢復。

　　這十幾日來，除了每日都需要進行的康復訓練，對艾米來說，另一件重要的事情，就是健康數據的紀錄。早在出院當日，艾米就已經決定將自己的健康數據交易出去，以獲取一些額外的收入來抵消部分的醫療費用。對於成長在 Web3.0 時代的艾米來說，這樣的決定再自然不過。

艾米曾在書裡看到關於 Web2.0 時代的描述，艾米難以想像，自己的數位身分和自己生產的數據居然不是自己的，這也讓她慶幸 Web3.0 時代的商業規則，在這個個人數據主權的數位時代，個人數據並不是被動地累積在各大平台的伺服器上，而是成為了一種具有實際價值的資產。數據交易也非常透明和公平，艾米知道，只要她願意，她可以自由選擇如何管理和利用自己的數據。

所以，在每一天的康復訓練結束後，艾米都會將自己的治療記錄、健康指標和康復進展整理成數位化的檔案，再上傳到了個人數據交易平台。通過這個平台，艾米就能夠向醫療機構、保險公司甚至是科研機構出售自己的健康數據，以獲取相應的報酬。對於醫療機構來說，這些數據可以幫助他們更好地了解患者的病情和治療過程，為患者提供更加個性化的醫療服務。對於保險公司來說，這些數據可以幫助他們評估艾米的健康狀況和風險水平，制定相應的保險政策。而對於科研機構來說，這些數據則可能為醫學研究提供重要的參考和數據支持。

雖然受傷讓艾米覺得糟糕，康復訓練更是辛苦，但好在艾米通過交易自己的健康數據，也成功地獲得了一筆可觀的收入。就當是一次意外的體驗吧，我已經很幸運了，艾米心想。

引言

　　當然，這並非現實。雖然艾米成長在 Web3.0 時代，但今天，我們仍然生活在 Web2.0 的世界裡，現實是，我們的個人數據仍然被中心化的巨頭壟斷，數據權屬依舊模糊，數據交易的探索也才剛剛開始。但人們依然期待 Web3.0 時代的到來，不管是從技術發展趨勢來看，還是從人類文明演進的方向來看，Web3.0 的到來都是必然的、不可逆的。實現 Web3.0，意謂著實現數位主權，意謂著將用戶視為人，而不是數據經濟機器中的齒輪。

　　現在，就從這本書開始，讓我們正式了解一下這個來自未來的 Web3.0 時代，以及我們即將要通往的數位主權的數位時代。

目錄

上篇 Web2.0 時代的 Web3.0 構想

1 初識 Web3.0

1.1 網際網路的過去、現在和未來 1-2
    1.1.1 Web1.0：門戶時代的網際網路 1-2
    1.1.2 Web2.0：可以互動的網際網路 1-5
    1.1.3 Web3.0：去中心化的網際網路 1-9
1.2 Web3.0 的核心特性 1-11
    1.2.1 技術邏輯上的不同 1-12
    1.2.2 資料共用和資料儲存的不同 1-14
    1.2.3 網路安全的進階 1-16
    1.2.4 Web 應用程式的不同 1-20
    1.2.5 數位身分的不同 1-22
    1.2.6 支付方式的不同 1-23
1.3 重建信任 ── Web3.0 的使命 1-25
    1.3.1 網際網路的初心 1-26
    1.3.2 與初心背離的 Web2.0 1-28
    1.3.3 重建對網際網路的信任 1-34

2 Web3.0 的基礎設施

- 2.1 區塊鏈，Web3.0 的核心技術 2-2
  - 2.1.1 區塊鏈 = 區塊 + 鏈 2-2
- 2.2 智慧合約，為 Web3.0 交易作保 2-5
  - 2.2.1 從比特幣到以太坊 2-5
  - 2.2.2 Web3.0 需要智慧合約 2-8
  - 2.2.3 Web3.0 需要區塊鏈 2-11
  - 2.2.4 智慧合約在今天 2-15
- 2.3 NFT，Web3.0 的權益載體 2-17
  - 2.3.1 NFT 的技術本質 2-17
  - 2.3.2 NFT 意謂著什麼？ 2-19
- 2.4 DAO，Web3.0 的組織形式 2-23
  - 2.4.1 DAO 的緣起 2-24
  - 2.4.2 DAO 的概念拆解 2-26
  - 2.4.3 DAO 的類型 2-29

3 Web3.0 的行業應用

- 3.1 Web3.0 在社交 3-2
  - 3.1.1 社交形式之嬗變 3-2
  - 3.1.2 Web3.0 社交的價值 3-6
  - 3.1.3 Web3.0 的社交嘗試 3-9
  - 3.1.4 Web3.0 社交的未竟之路 3-16
- 3.2 Web3.0 在遊戲 3-19
  - 3.2.1 什麼是 Web3.0 遊戲？ 3-20
  - 3.2.2 遊戲行業的變革 3-22
- 3.3 Web3.0 在金融 3-26
  - 3.3.1 一場關於資訊的爭奪戰 3-27
  - 3.3.2 Web3.0 金融的應用 3-32
- 3.4 Web3.0 在醫療 3-34
  - 3.4.1 打破醫療的中心化管理 3-34
  - 3.4.2 Web3.0 能為醫療帶來什麼？ 3-36

下篇 Web3.0 時代的 Web3.0

CHAPTER 4 舊 Web3.0 和新 Web3.0

4.1 陷在 Web2.0 裡的 Web3.0 4-2
　4.1.1 不是真正的 Web3.0 4-2
　4.1.2 打破壟斷，可能嗎？ 4-5
　4.1.3 去中心化的迷思 4-8
　4.1.4 重新審視「去中心化」..................................... 4-10

4.2 重新定義 Web3.0 4-14
　4.2.1 Web2.0 問題的核心 4-15
　4.2.2 真正的 Web3.0 時代 4-19

4.3 數位身分的主權化之路 4-21
　4.3.1 數位身分的到來 4-22
　4.3.2 數位身分的演進 4-25
　4.3.3 自我主權的數位身分 4-28

5 如何實現 Web3.0？

- 5.1 人工智慧，加入 Web3.0 5-2
  - 5.1.1 對龐大資料的深度分析 5-2
  - 5.1.2 Web3.0 需要人工智慧 5-5
  - 5.1.3 Sora 時代迫切需要 Web3.0 5-9
- 5.2 量子計算，先破後立 5-14
  - 5.2.1 量子計算會終結區塊鏈嗎？ 5-14
  - 5.2.2 實現去中心化的計算 5-17
- 5.3 量子通信，徹底改變未來通信 5-19
  - 5.3.1 難以解決的通信問題 5-20
  - 5.3.2 徹底改變通信未來的技術 5-22
- 5.4 DNA 儲存，Web3.0 的儲存未來 5-28
  - 5.4.1 儲存技術之變 5-28
  - 5.4.2 DNA 儲存的價值 5-31

目錄

6 CHAPTER　新 Web3.0 掀起未來商業變革

6.1　新 Web3.0 如何顛覆 Web2.0？ 6-2
　　6.1.1　Web2.0 商業模式的本質 6-2
　　6.1.2　平台壟斷的後果 6-4
　　6.1.3　把資料主權還給使用者 6-7
6.2　資料交易，Web3.0 的商業核心 6-9
　　6.2.1　探索資料交易 6-9
　　6.2.2　構建資料交易所 6-14
　　6.2.3　Web3.0 時代的基礎設施 6-18
6.3　生產有價值的資料 6-22
　　6.3.1　從工業勞動到資料勞動 6-22
　　6.3.2　讓個人資料更有價值 6-26

7 CHAPTER　通往 Web3.0 還需要幾步？

7.1　技術之難，Web3.0 何時能實現？ 7-2
　　7.1.1　量子技術的限制 7-2
　　7.1.2　DNA 儲存仍需解決成本問題 7-8
　　7.1.3　能源問題是房間裡的大象 7-10
7.2　誰在阻礙 Web3.0？ 7-13
　　7.2.1　Web3.0 不是「胡言亂語」 7-13
　　7.2.2　中心化巨頭的阻礙 7-15
　　7.2.3　政府監管面臨挑戰 7-19
7.3　Web3.0 時代終將到來 7-22

上 篇

Web2.0 時代的 Web3.0 構想

Web3.0是什麼？最簡單的理解就是下一代網際網路技術。那麼下一代網際網路技術到底是什麼？正如元宇宙一樣，我們只能基於當前的技術提出一些構想，但這些構想並不能真正表達未來的社會，尤其是技術的變化將會推動我們不斷的對這些模糊的未來構建更加清晰的認識。

從 Web1.0 到 Web2.0，再到行動網際網路，以及即將到來的 Web3.0，每一次的往前發展可以說是技術突破的必然。而對於 Web3.0 的未來到底是什麼樣子，如果我們只是基於當前的技術框架下思考，顯然這些認識會帶有非常大的侷限性，也很難代表著真正的 Web3.0。當前的 Web3.0 有不少的書，但大部分都是基於區塊鏈、去中心化的概念進行討論。基於區塊鏈的視角就離不開虛擬貨幣，以及基於鏈的數位化商業模式，就離不開所謂的去中心化概念。

其實所謂的去中心化只是一個概念，只要人類社會還有組織形式的存在，就不可能出現真正的去中心化。中心化只是一個相對的概念，正如自由、民主也只是一個相對的概念，只是歷史發展階段的一些相對的概念。正如網際網路技術的出現，讓商業在一定的程度上不斷的朝著去中心化的方向發展，也就是藉助於網際網路的技術，尤其是行動網際網路的技術，不斷的去掉傳統商業的中間商環節，讓商業不斷的朝著 B to C 的去中間化方向發展。

同樣，從網際網路的發展技術來看，隨著資料量的不斷增長，以及平台壟斷資料、壟斷演算法。當然，最主要的是在技術的推動下，人類社會開始進入一個數位孿生時代，也就是我們不再是純粹的生物人，而是基於生物人衍生出了一個數位孿生人。數位孿生人時代的到

來，就必然會催生出數位身分，就必然會催生出數位主權，人類必然會進入一個數位主權意識覺醒的時代。很顯然，當資料主權被重視之後，當個體與群體開始意識到資料主權的意義與價值時，在疊加技術的催化下，就必然會對當前的中心化平台的資料壟斷產生抗爭，就必然會出現新的商業締造者從技術與使用者的資料主權視角出發來思考與構建新的商業模式，也就是我們所談的 Web3.0。

那麼在 Web3.0 時代能不能構建真正意義上的去中心化，或者說進入一個無中心化時代呢？我可以非常明確的回答，不可能。我們只能基於技術與數位主權的覺醒來構建一個個體數位主權更加清晰，一個相對於當前的平台壟斷型的中心化模式更加開放、自由的相對去中心化模式。簡單的說，只要人類社會存在著政府組織，存在著秩序運行，就一定會基於規則進行運行，而這些規則的背後本質上就是中心化。很顯然，在 Web3.0 時代，去中心化也只是一個相對的概念，只是相對於當前 Web2.0 時代下個體的資料主權被平台剝奪下一種變革。這種變革的前提是基於技術的突破，基於技術的發展，基於量子通訊、量子計算、星鏈通訊、DNA 儲存等技術為前提的新商業變革。

當我寫這本書的時候，其實已經有很多的書籍在討論關於 Web3.0，但這些討論都是基於當前，或者說是基於 Web2.0 技術的視角下的一些思考，尤其是基於區塊鏈技術為底層技術的一些構想。並沒有站在下一代網際網路技術的視角，或者說沒有站在前沿技術發展的視角來思考 Web3.0。從技術的發展趨勢來看，基於區塊鏈的網際網路技術顯然不是網際網路的未來，只是從 Web2.0 到 Web3.0 發展過程中的一種過渡性技術。區塊鏈的本質也不代表著去中心化，只是在資料

大規模爆發後必然出現的一種更加複雜的加密技術。這種在當前看似複雜的加密演算法技術在量子計算面前，可以說是屬於陳舊的技術。

因此，當我們要思考 Web3.0 的時候，就需要站在即將到來的技術視角來思考，要基於量子計算、量子通訊、星鏈技術、DNA 儲存技術、數位孿生、元宇宙這些技術視角下來思考。所以我將這本書分為兩部分來跟大家分享關於 Web3.0，上半部分是基於當前的技術，也就是當前大家所討論的基於區塊鏈技術的視角來談論，我將這部分的內容定義為 Web2.0 時代的 Web3.0 構想。

當然，更重要的則是下半部分內容，這是基於前沿技術，或者說可預見的技術趨勢下所預見的 Web3.0，我將這部分內容定義為 Web3.0 時代的 Web3.0 構想。正如我曾經談論元宇宙時所談到的，當前我們對於元宇宙的各種描述其實都屬於文學創作，因為構建元宇宙的各種底層產業鏈技術都還沒有成熟，而元宇宙的本質就是由數位孿生地球技術所推動的一些基於物理實體世界與數位孿生世界之間相互疊加，從而形成的一種互聯互通互動的新形態。這種新的形態未來會是什麼樣子，我們當前很難描述，尤其是基於當前的技術視角更難清晰的描繪，而我們需要站在前沿技術的趨勢下進行描繪，可能會相對準確的預見。

對於 Web3.0 也是如此，我們需要站在可以預見的前沿技術趨勢與視角下，才能對即將到來的 Web3.0 有一個可能相對清晰與準確的預見。但可以肯定的是，如果我們當前只是基於 Web2.0 技術的視角下對 Web3.0 進行構想與展望，很顯然，這些設想在面對真正的 Web3.0 時代時，就顯得過時與陳舊。

1
CHAPTER

初識 Web3.0

1.1 網際網路的過去、現在和未來

網際網路（Web）絕對是這個時代最偉大、也最重要的科技之一，我們今天每個人，不管是生活、工作還是社會生產，都深受網際網路的影響。

美國作家亨利·哈迪曾經這樣描述網際網路：「網際網路是人類智慧獨一無二的創造，網際網路是第一個人類智慧產物，網際網路昭示著一個在舊社會母腹內不斷生長的新社會，網際網路提出了全新的政府模式，網際網路暗含著對市民社會自由權利的威脅，網際網路是各種觀念和思想的最大自由市場……網際網路是永垂不朽的」。

當然，網際網路從誕生至今，已經發生了很大改變。走過了門戶時代的 Web1.0，經歷著交互時代的 Web2.0，現在，一個以去中心化為特徵的 Web3.0 正伴隨著各類資訊技術的迭代創新悄然興起。

1.1.1 Web1.0：門戶時代的網際網路

Web1.0，也就是第一代網際網路。雖然大眾是在 20 世紀 90 年代才接觸到 Web1.0，但實際上，早在 1968 年，一個名為「ARPANET」（Advanced Research Projects Agency Net Work）的美國政府專案就啟動了 Web1.0。ARPANET 最初是由軍方承包商和大學教授組成的一個小型網路，他們在其中互相交換資料。

在 20 世紀 50 年代末，冷戰時期，美國軍方為了保證電腦網路在受到襲擊時仍能保持通信聯繫，建設了一個軍用網路，名為「阿帕網」。阿帕網就是網際網路的前身，於 1969 年啟用，最初只連接了 4 台電腦，用於科學家們的電腦聯網實驗。到了 70 年代，阿帕網已經有

了多個電腦網路，但是不同網路之間無法互通。為了解決這個問題，ARPA 設立了新的研究項目，支持學術界和工業界進行研究，旨在將不同的電腦區域網路互聯互通，形成「網際網路」。

在研究網路互聯互通的過程中，通信協議起到了重要作用，其中就包括 1974 年出現的連接分組網路通訊協定 TCP/IP。溫頓·瑟夫和鮑勃·卡恩是 TCP/IP 協議和網際網路架構的聯合設計者之一，被譽為「網際網路之父」。TCP/IP 協定具有開放性，目的是使任何廠家生產的電腦都能相互通信，使網際網路成為一個開放的系統。網際網路的發展吸引了商業公司的興趣，1992 年，美國 IBM、MCI、MERIT 三家公司聯合組建了高級服務公司 ANS，建立了新的網路 ANSnet，成為另一個骨幹。隨著全球資訊網的發明，網際網路的使用門檻降低，全球資訊網是基於客戶機／伺服器模式的資訊發現技術和超文字技術的綜合，透過連結實現網站之間的跳轉，擺脫了以前查詢工具限制的查找方式。蒂姆·伯納斯·李是全球資訊網的發明者，因其傑出貢獻被稱為「網際網路之父」。

他的發明改變了全球資訊化的模式，促進了資訊革命的發展，使網際網路成為全世界人共用的知識百科全書。今天的網際網路成為一個開發和使用全球資訊資源的資訊海洋，涵蓋了社會生產和生活的各個方面。也就是說，當前的網際網路前身其實只是美國軍方的內部通訊技術，在柯林頓總統時期，為了再次活躍美國經濟，於是柯林頓總統就決定將美國軍方的這種內部通訊技術民用化，並將這種技術投入到市場中，就形成了我們今天的網際網路時代。這也就是為什麼我們在 20 世界 90 年代才接觸到網際網路，我們人類社會才真正開始進入網際網路時代。作為網際網路的第一個發展階段，Web1.0 從網際網路誕生一直延續到 21 世紀初。

在 Web1.0 階段，使用者是單純的內容消費者，內容由網站提供，這個時候的網站特點，也是更偏向於是報紙、電視的網路化，把新聞、廣告搬到網路上，由網站單向灌輸資訊給使用者。用戶能做的就是選擇網站，查詢自己想要的內容，獲得網站回應，接收網站推送的資料。當然，這個時期也誕生了非常多我們仍然熟悉的入口網站、搜尋引擎以及論壇，比如雅虎、搜狐、網易、Google 等，它們的共同特點就是用戶利用 Web 瀏覽器透過入口網站，單向獲取內容，主要進行瀏覽、搜索等操作，然後各大網站根據點擊量獲取廣告收入。

這也就是說，在 Web1.0 階段，用戶只是被動接受網際網路的內容，沒有多少互動體驗。不過，Web1.0 並非完全沒有互動或支付功能，只是這些功能因為轉帳基礎設施無法保障安全性而受到很大限制。Web1.0 後期也開始出現了即時通訊，雖然主要還是網頁版聊天室的方式展現，應用於各種論壇，比如在中國大陸比較知名的就有清華大學的水木清華 BBS，以及校內網等。而在 Web1.0 階段中最具創新力的企業之一就是美國的必勝客 —— 必勝客在 1995 年開發了一個訂購披薩的網頁，消費者可以在頁面中下單，等到披薩送到後再付現金。

總的來說，Web1.0 就是個以資訊發佈為主的年代，特點是依託網頁瀏覽器，用戶透過瀏覽器訪問這些網站，獲取所需的資訊。手機端也還處在 2G 看看小說，3G 聽聽音樂的時期；各種應用以讀為主，以寫為輔。

從商業模式看，則是以用戶的注意力和點擊為基礎的盈利 —— 用戶透過瀏覽網頁獲取資訊，服務提供者則透過廣告和點擊量來獲取利潤。使用者付出的是時間，獲取的是消息，但個人想從中賺錢，很難。

隨著用戶數量的增加，Web1.0問題越來越多。首先，可定製性和個性化受到限制，靜態網頁模式使使用者在瀏覽資訊時缺乏個性化和定製的能力。使用者只能被動地接收站點提供的通用資訊，無法根據個人興趣和需求進行內容定製。其次，互動性不足，網頁設計注重資訊的呈現，但卻較少關注使用者與資訊之間的互動。缺乏直接的使用者互動方式，如評論、分享和點讚，限制了用戶的參與感和社交體驗。此外，隨著網際網路的普及，資訊超載成為一個顯著問題。大量資訊湧入網路，但Web1.0顯然缺乏有效的過濾和推薦機制，使用戶很難找到真正感興趣或有用的資訊。最後，商業模式的單一性也是一個問題，以廣告和點擊量為基礎的商業模式使得網站營運者更加關注如何增加點擊量，而不是提供有價值的內容，結果是，一些網站可能會過度注重製造吸引眼球的內容，而忽略了內容的品質和真實性。用戶的注意力成為商家追逐的焦點，而用戶在這個過程中難以獲得實質性的價值回報。

在這樣的背景下，Web2.0誕生了。

1.1.2 Web2.0：可以互動的網際網路

Web2.0，其實就是第二代網際網路。Web2.0是在2004年末由蒂姆·奧萊利（Tim O'Reilly）和戴爾·多爾蒂（Dale Dougherty）提出的，而Web2.0的誕生，主要是為了克服Web1.0限制，與Web1.0相比，Web2.0最大的優勢就是使用者不再被動地瀏覽內容，而是成為了內容的創造者和分享者。

Web2.0的一個突出特徵就是使用者的主動參與和回饋——用戶不僅能夠上傳自己的內容，還可以對他人的內容進行評論、點讚、分享等操作。這種雙向的互動性使得網路不再是單一的資訊傳遞通道，而是一個充滿生機和活力的社群平台。使用者不再僅僅是接受資訊的觀眾，而是真正參與到網路內容的創造和傳播中。

互動式的網站成為了 Web2.0 時期的風潮，Web2.0 階段的網頁不再是靜態的頁面，而是充滿了使用者的參與。社群網站、部落格、維基百科等成為代表性的 Web2.0 應用。這些平台不僅提供了使用者分享資訊的場所，更是激發了用戶創造力和參與感的重要載體。

這與 Web1.0 階段的網站人們只能被動地瀏覽內容截然不同，Web1.0 網路的特徵是連接和共用，Web2.0 則在此基礎上進一步發展，使得用戶之間能夠透過社群媒體的互動建立更為緊密的聯繫，形成了各種網路社群，這種社交化的趨勢也讓網路不再是單向的資訊流動，而是多維度、多層次的資訊交流網路。

當然，Web2.0 的誕生，離不開網際網路技術的發展，事實上，正是由於網際網路在網速、光纖基礎設施和搜尋引擎等方面都取得了發展，越來越多的用戶才會湧入網際網路，並對社交、音樂、影片分享和支付交易有更多的需求。

使用者對社交屬性的這種需求也催生出了如今許多網際網路企業。比如，Facebook（現在的 Mate）、Twitter（現在的 X）、微信、微博等社群媒體平台為用戶提供了社交功能；YouTube、抖音等軟體滿足了使用者對音樂和影片的需求。

以新浪微博為例，微博就是 Web2.0 階段一個典型的基於用戶關係的社群媒體平台，用戶可以透過 PC、手機等多種移動終端接入，以文字、圖片、影片等多媒體形式實現資訊的即時分享、傳播互動。

我們從微博平台所具有的四個特點，也能夠更具體地體會到 Web2.0 的網際網路特徵，一是門檻低，微博平台上每個人都能發佈自己編輯的內容，從某種意義上來說，每個獨立的個人在微博上都具備了媒體的特徵。我們個人發佈的資訊能傳播多遠則受我們個人的「媒體」影響力的影響。二是傳播快，微博總能在第一時間發佈及時的消息，在一條資訊內容發佈後，則首先是被粉絲和關注相關資訊的人群看見，當中可能有 10％的人進行轉發，轉發後就能有更多的人能看到這條內容，多次進行此過程，資訊的傳播範圍就會成幾何級數的增長，今天，微博的傳播速度甚至已經超過了各大傳統通訊軟體。三是個性化，在微博上，我們關注的人發佈的消息總會第一時間推送過來。對面對自己不喜歡的資訊，能選擇不感興趣，此後便會減少推薦相關內容。微博也會根據我們的關注博主（部落客）所屬領域，為我們推送相關內容，這就像閱讀一份為自己量身定製的報紙。

不可否認，Web2.0 這種更具互動性的網際網路體驗為用戶帶來了許多新的功能，並提升了用戶體驗。但問題也隨之而來，並且直到今天也一直無法徹底解決，那就是：用戶如果要使用這些新功能，就必須授權中心化的協力廠商平台管理使用者的資料。因此，這些中心化的實體在資料和內容許可權方面被賦予了巨大的權力和影響力，大量的通信和商業行為都集中在少數科技巨頭所擁有的封閉平台上，比如 Google、Meta、亞馬遜等等，而這個模式一直運行到今天。

在 Web2.0 的中心化模式下，人們的生活幾乎是被中心化平台操控著的。原本網際網路的特點是資訊的民主化，然而今天，資訊越來越不可靠，在某些情況下甚至是有害的。在使用者不知情或未經使用者許可的情況下，使用者們的資料可能會被出售或非法利用，從而進一步導致隱私安全、資料集中、管理風險等問題，個人的資料所有權被平台隨意踐踏與兜售。假新聞在今天的網際網路肆意橫行，這一現象在未來只會越來越嚴重。由人工智慧創造的模擬人臉，可以透過深度偽造和身分盜竊帶來更多的社會問題。

為了優化和防範這些風險問題，Web3.0 應運而生。

其實從 Web1.0 到 Web2.0，在到我們即將要迎來的 Web3.0，每一次的變革背後都是基於技術的進步。也就是說，網際網路軟硬體技術的發展，自然也必然就會催生出新的商業方式。從這個視角來看，伴隨著量子計算、量子通訊、DNA 儲存、星鏈通訊、數位孿生、通用 AI 等巨大顛覆性技術的疊加出現，基於 Web 技術的商業時代必然會迎來新的劃時代的變革。

Web3.0 是不需要懷疑與質疑的必然未來，只是這個未來我們在當前技術下理解未必完全準確與正確。

相比較於 Web1.0、Web2.0 等技術而言，Web3.0 更為複雜，其核心原因就在於上面所提到的，它是基於多重前沿技術疊加下的產業，而這些前沿技術的每一項的成熟應用，都對人類社會是一種顛覆性的影響，是一種革命性的影響。那麼在這麼多顛覆性前沿技術疊加之下，

就算我們今天沒有提出 Web3.0 這樣一個概念，未來必然跟今天存在著巨大的差異，必然是一種新的方式。但是這種方式在今天要準確的描述，其實是一件具有非常大挑戰性的事情。

對於 Web3.0 到底是什麼？或者說未來應該是一個什麼模樣，我將在下篇中深入的跟大家分享。

1.1.3 Web3.0：去中心化的網際網路

2014 年以太坊推出後不久，以太坊聯合創始人 Gavin Wood 就在一篇關於《去中心化網際網路將帶來的突破》的部落格文章中提出了「Web3.0」。

正如 Web2 的誕生一樣，Web3.0 的提出，與人們想要解決目前網際網路存在的問題密切相關——隨著政府和科技巨頭的不斷崛起，多數情況下，他們正在跨越客戶隱私跟信任權利的界限。因此，Gavin 認為，人們需要一個更具信任的、去中心化的網際網路，Web3.0 就是這個解決方案。Web3.0 基於區塊鏈而存在，承諾將隱私和數位身分還給使用者，同時由於非同質代幣（NFTs）和去中心化應用（dApp），實現了新的互動水準。

其中，區塊鏈是安全性和去中心化水準都極高的網路，人們可以在一個共用帳本中儲存資料、交換價值並記錄交易活動，而且這個帳本不受任何中心化實體控制。區塊鏈網路是 Web3.0 的支柱，提供了安全的執行層，可以在其中創建、發行並交易加密資產，並且開發可程式設計的智慧合約（Smart contract）。

智慧合約是區塊鏈上不可篡改的程式，利用「如果 x 是真實的，則執行 y」的程式邏輯自動執行交易。可程式設計的智慧合約可以創建去中心化的應用，也就是說所謂的「dApp」。去中心化應用是基於加密經濟的協議，為 Web3.0 的發展奠定了基礎，並將 Web3.0 交付到了用戶手中。

dApp 與 Web2.0 的應用以及 Web1.0 的靜態 HTML 網頁不一樣，它們不由任何一個人或組織運行，而是由去中心化的區塊鏈網路運行。去中心化應用看似簡單，但卻能夠打造出點對點金融服務（DeFi）、資料驅動的保險產品以及 P2E 遊戲等非常複雜的自動化系統。

NFT 是非同質化代幣，與比特幣等同質化代幣不同，每個 NFT 都是獨一無二、不可分割的，這也是 NFT 最重要的價值。因為有區塊鏈技術的支援，即便旁人也能夠下載、截取 NFT 作品，但 NFT 作品持有者卻能夠透過數位憑證追蹤等方式來證明自己手中 NFT 的原始唯一性。

兼具去中心化和互動性的 Web3.0，得以打造了一個全新的網際網路模式。在其中，用戶可以繞過仲介直接互動。dApp 用戶無需許可即可訪問金融工具，以點對點的方式交易加密資產，獲得參數型保險理賠，透過 NFT 交易可驗證所有權的數位藝術品，並且在遊戲中賺錢。所有這些活動都可以完全繞過中間方直接展開。Web3.0 的建設者希望透過這個創新的架構，打造出更加公平和開放的網際網路，用戶可以在其中直接展開互動和交易。

從這個角度看，Web3.0 代表了一種打破 Web2.0 階段中心化巨頭壟斷控制的願景 —— 基於區塊鏈技術構建的 Web3.0 平台和應用程式不

會由巨頭所有，而是由每個用戶擁有，他們將透過幫助開發和維護這些服務來獲得所有權。

今天，Web3.0 已經普遍被認為是網際網路的下一個階段，具有去中心化和賦予個人權力的願景。Web3.0 意謂著無需透過 ISP、Google 或 Facebook 等仲介即可訪問資訊。也就是說，在 Web3.0 階段，人們無需透過中央機構即可相互交流。這意謂著，我們所有人都能夠擁有我們的資料，而不是將我們所有的資料交給 Facebook 和 Google 等大公司以換取「免費」服務。透過 Web3.0，網路將變得比以往任何時候都更加智慧、更加分散。

1.2 Web3.0 的核心特性

目前，Web3.0 已經成為一個包羅萬象的改變，代表了一個全新的、更美好的網際網路願景。當前對於 Web3.0 的理解，其核心是透過區塊鏈、加密貨幣和去中心化應用將權力以所有權的形式歸還給每一位普通用戶。用最簡單的話來概括：Web1.0 是唯讀的，Web2.0 是能讀、能寫的，代表未來的 Web3.0 則是能讀、能寫和能擁有。

儘管今天關於 Web3.0 並沒有嚴格的定義，甚至不同的組織、不同的人對於 Web3.0 都有一套不同的說法，但如果我們將 Web2.0 和 Web3.0 放在一起比較時，我們就能更清楚 Web3.0 作為下一代網際網路，究竟與我們今天的 Web2.0 階段有何不同，並進一步得出 Web3.0 的核心特性，以及 Web3.0 所追求的未來願景。

1.2.1 技術邏輯上的不同

每一代網際網路都有自己的協定，所謂網際網路協定，就是指網際網路通信的基礎規則和約定，它定義了電腦之間如何傳輸和交換資料的方式。

在今天的 Web2.0 階段，我們最熟悉的主流協議，就是 HTTP（超文字傳輸協定），這是一種用戶端 - 伺服器協定，基於這一協定，在使用者與 Web 伺服器之間的互動中，用戶端（通常是 Web 瀏覽器）向伺服器發送請求，伺服器則回應這些請求。這種模型的普及使得使用者能夠輕鬆訪問各種網站和 Web 應用程式，成為當前網際網路使用的基礎。

HTTP 之所以如此流行，一方面在於它的廣泛使用和與所有 Web 瀏覽器的相容性。這種普適性使得開發者可以輕鬆創建能夠在各種設備和瀏覽器上正常運行的 Web 應用程式。使用者不需要擔心使用特定瀏覽器才能訪問某個網站，這為網際網路的開放性和可訪問性做出了貢獻。

然而，正如所有技術一樣，HTTP 也有其侷限性。其中之一是可擴展性方面的挑戰。在大規模的資料傳輸和儲存需求下，HTTP 可能表現出一些效率上的不足。傳統的 HTTP 協定在處理大量資料時可能會面臨延遲和性能瓶頸，這對於現代網際網路中大規模的媒體檔和動態內容而言，可能不夠高效。

另一個需要考慮的方面是 HTTP 在安全性方面的限制。傳統的 HTTP 協議是明文傳輸的，這意謂著資料在傳輸過程中是不加密的，可

能容易受到網路攻擊。為了解決這個問題，發展出了 HTTPS（HTTP Secure），透過加密通信內容來提高安全性。然而，即便有 HTTPS 的加密保護，仍然存在一些潛在的安全風險。

在面對這些挑戰的同時，新興的技術和協議 —— 比如 Web3.0 的 IPFS（星際檔案系統）逐漸嶄露頭角，試圖應對 HTTP 的一些問題。

具體來看，IPFS 是一種分散式協議，這就好比是把檔案儲存系統變得更像是一座龐大的圖書館，而不再是一個儲存在單一地方的檔案櫃。在傳統的網路中，檔案通常儲存在特定的伺服器上，你要找到某個檔案就必須知道它在哪個伺服器。而 IPFS 則不同，它讓檔案變得像圖書館中的書一樣，透過內容而不是位置來查詢。在 IPFS 中，檔案會被分割成小塊，並且每一塊都有一個唯一的識別字，類似於圖書的目錄號。這樣，無論檔案的具體位置在哪裡，只要有這個唯一識別碼，你就可以透過 IPFS 協議找到並獲取檔案的內容。這就是所謂的去中心化，檔案不再集中在一個地方，而是可以同時存在於多個地方，讓整個網路更為靈活。

這種分散式的架構帶來了一些顯著的優勢。首先是安全性。因為檔案不再集中在一個地方，攻擊者要想影響整個系統，就需要同時攻擊多個地方，這使得網路更加安全。其次是效率。由於檔案可以從離你更近的地方獲取，存取速度更快。而且，由於檔案在多個地方備份，降低了資料遺失或損壞的風險，使得資料更為可靠。舉個例子，想像一下，你需要一本特定的書。在傳統的網路中，你得知道這本書在哪個具體的檔案櫃裡，然後前往那個地方借閱。但在 IPFS 中，你只需要知道這本書的唯一識別碼，IPFS 會幫你找到最近的地方，讓你更

快速地獲取到所需的資訊。換言之，IPFS 透過改變檔案儲存和查詢的方式，實現了去中心化，提高了網路的安全性和效率。

Web3.0 中使用的另一種協定是以太坊網路的耳語協定，它允許以太坊網路中節點之間的點對點消息傳遞。耳語協議旨在安全，高效和可擴展，它提供了傳統消息傳遞服務的分散替代方案。

除了這些協議之外，Web3.0 中還開發了各種分散的資料共用平台和應用程式，例如海洋協定和 Golem，它們允許安全和高效地共用資料和計算資源。而從這些協定的技術來看，協定的規則本身就是一種中心化，所謂的去中心化只是一種相對的概念，只是相對於當前的平台中心化而推動的一種更為開放、更加自由的資訊交互體系。

1.2.2 資料共用和資料儲存的不同

在網際網路的演進過程中，不同的協定為資訊的傳輸和交流提供了不同的框架和規範，同時也塑造了不同的資料共用和儲存方式。

從資料共用來看，在 Web2.0 中，傳統的用戶端 - 伺服器資料共用是主要方法，在這個模式中，中央伺服器被視為資料的中心，負責儲存和管理所有的資訊。用戶端設備需要透過與伺服器的連接來請求和接收資料，而伺服器則負責處理所有的資料事務。這種集中式的模型，雖然在一定程度上提供了便利，但也帶來了一系列問題。比如，可擴展性受限，因為所有的流量都要經過單一訪問點進行彙集，可能導致網路擁堵和性能瓶頸。同時，安全性方面也存在隱患，因為所有的資料都儲存在一個中心位置，可能成為攻擊目標，增加了資料洩露和操縱的風險。

相比之下，Web3.0 引入了一種全新的資料共用方式，即去中心化資料共用。在這種模式下，不再依賴於集中在單一伺服器上的儲存，而是透過點對點網路實現分散的資料共用。這帶來了一系列優勢，其中最顯著的是更安全、透明和高效的資料共用。去中心化資料共用使用區塊鏈技術來確保資料的不變性和完整性，每個資料塊都有唯一的識別字，使得資料變得不可篡改。同時，透過消除對仲介的需求，降低了資料洩露和操縱的風險。

Web3.0 的去中心化資料共用還促進了資料所有權和控制，使個人能夠按照自己的條件共用和貨幣化他們的資料。Web3.0 資料共用協議旨在分佈在多個節點上，從而實現更大的彈性、可擴展性和安全性。這種分散的網路結構是透過使用區塊鏈技術和其他點對點通訊協定來實現的，這些協議允許安全和透明的資料共用，而無需中央機構。

從資料儲存來看，Web2.0 和 Web3.0 處理資料儲存的方式也有明顯不同。在 Web2.0 中，資料通常儲存在由大公司控制的集中式伺服器中。比如 SQL 資料庫、NoSQL 資料庫、檔案系統等。

SQL（結構化查詢語言）資料庫是一種關聯式資料庫，可將資料儲存在具有列和行的表中。它們通常用於 Web2.0 應用程式中，用於儲存結構化資料，包括使用者設定檔、交易記錄和庫存資料等。

NoSQL 資料庫是一種非關聯式資料庫，它以更靈活的格式儲存資料，例如鍵值對、文檔或圖形。它們通常用於 Web2.0 應用程式中，用於儲存非結構化資料，包括社群媒體貼文、產品評論和感測器資料。檔案系統用於儲存非結構化資料，如圖像、影像和文檔。Web2.0 檔案系統通常依靠集中式伺服器或儲存區域網路（SAN）來管理檔案儲存和訪問。

雖然 Web2.0 儲存技術在實現資料儲存和檢索方面取得了成功，但它們在安全性、隱私性和可訪問性方面也有侷限性。集中式儲存系統容易受到資料洩露、檢查和系統休息時間的影響，並且它們需要對管理資料的中央機構高度信任。

而在 Web3.0 中，資料是分散的並分佈在節點網路中，主要透過使用 Crypto 協定、點對點網路和區塊鏈技術來儲存和管理資料，從而提供更高的安全性、隱私性和可訪問性。

比如，我們上面提到的 IPFS 就是一個分散的檔案儲存系統，允許使用者在節點網路上儲存和共用檔案。IPFS 使用內容定址而不是基於位置的定址，這樣可以更高效，更安全地儲存和檢索檔案。

Swarm 是一個去中心化的儲存平台，是以太坊生態系統的一部分。它允許使用者在節點的點對點網路上儲存和檢索資料，並具有能夠使用智慧合約來管理和訪問資料的優點。Filecoin 也是一個去中心化的儲存網路，它使用區塊鏈技術來激勵使用者為網路貢獻儲存空間和頻寬。使用者可以透過向網路提供儲存空間來賺取通證，也可以使用通證訪問其他使用者提供的儲存服務。

1.2.3 網路安全的進階

不同的技術邏輯、網路構建方式，使得 Web2.0 和 Web3.0 在安全性方面有很大不同 —— Web2.0 是一個集中式系統，容易受到多種安全風險的影響，而 Web3.0 則透過去中心化架構和加密技術採用了更為先進的安全性原則，提高了網路的安全性和彈性。

在 Web2.0 時代，集中式系統是主流，資料通常儲存在中央伺服器上。然而，正是這樣的集中性使得系統更容易受到多種安全問題的困擾。

資料洩露就是 Web2.0 階段一個普遍存在的風險。今天，我們每個人都幾乎能感受到資料洩露對我們生活的影響，明明自己沒做什麼，卻莫名其妙被一些機構掌握了自己的資料資訊。究其原因，所有資料都聚集在一個中央伺服器上，一旦該伺服器受到入侵，攻擊者便能夠獲取大量敏感資訊。這可能包括使用者的個人資訊、支付資料、甚至是公司的機密資訊。資料洩露不僅會對個人隱私造成直接威脅，也可能導致重大經濟損失和聲譽風險。

身分盜用是另一個嚴重的風險。由於使用者的個人資訊儲存在中央資料庫中，一旦該資料庫被攻破，攻擊者可以獲取足夠的資訊進行身分盜用。這可能導致金融損失、信用卡欺詐等問題，對用戶的個人生活和財務狀況造成嚴重影響。

另外，分散式拒絕服務（DDoS）攻擊也是 Web2.0 時代的一種常見威脅。攻擊者可以透過同時向伺服器發送大量請求，使伺服器超載，導致服務不可用。由於集中式系統的特性，一個關鍵的單點故障就足以讓整個系統崩潰。這使得 Web2.0 系統容易成為攻擊目標，一旦伺服器遭到攻擊，使用者可能無法正常訪問服務，造成業務中斷和服務不穩定。

在 Web2.0 時代，安全協議主要依賴於 SSL/TLS 來保護網際網路上的資料傳輸。SSL/TLS 是一種加密通信協定，它在資料傳輸過程中使用加密演算法，以確保資訊在傳遞過程中不被竊聽或篡改。雖然 SSL/TLS 在加密資料傳輸方面提供了一定的保護，但僅僅依賴於這一層加密是不足以確保完全的安全性的。

首先，SSL/TLS 主要關注的是端到端的通信加密，即在用戶和伺服器之間的資料傳輸。然而，在資料儲存和處理的過程中，資料可能會在伺服器或其他中間節點上被解密和處理，存在一些潛在的風險。這使得加密的安全範圍有限，無法全面覆蓋資料的生命週期。

其次，SSL/TLS 雖然透過使用證書驗證來確保通信的雙方身分，但仍然可能受到中間人攻擊的威脅。攻擊者可能試圖截獲通信並替代其中的一方，從而獲取敏感資訊。雖然 SSL/TLS 有一些防範措施，但不是絕對免疫於中間人攻擊。

此外，SSL/TLS 依賴於中央授權機構頒發的數位憑證，這種集中式的模式使其容易成為攻擊目標。一旦中央授權機構遭受攻擊，可能導致整個系統的安全性受到威脅，形成單點故障。

並且，雖然 SSL/TLS 確保了資料的機密性，但並沒有提供足夠的保護來確保資料的完整性。在傳輸過程中，雖然資料是加密的，但仍然有可能被篡改，而 SSL/TLS 並沒有針對這種情況提供足夠的保障。

最後，即使通信本身是加密的，攻擊者仍可以通過其他手段，如社交工程攻擊，欺騙使用者從而獲取其敏感資訊。

相比之下，Web3.0 採用了去中心化的架構和加密技術，顯著提高了安全性。事實上，去中心化架構也是 Web3.0 安全性的基石。在這種架構下，資料不再集中儲存在單一伺服器上，而是分佈在多個節點上。每個節點都參與到資料儲存和傳輸中，形成一個分散的網路。這樣的設計使得系統更為穩健，即使某個節點受到攻擊或被破壞，其他節點仍能保持資料的完整性。攻擊者要影響整個系統，需要同時攻擊多個節點，這極大增加了攻擊的難度。可以說，去中心化的特性使得 Web3.0 系統更加抗攻擊和具有更高的彈性。

Web3.0 還廣泛應用了加密技術，確保資料在傳輸和儲存過程中是加密的。這種加密方式使得即使資料被截獲，也難以解密。透過採用強大的加密演算法，Web3.0 有效降低了資料洩露和身分盜用的風險。使用者的敏感資訊在傳輸和儲存時都經過加密處理，保障了隱私和安全。

另外，採用區塊鏈技術的 Web3.0 網路提升了資料的不可篡改性和透明性。區塊鏈是一個分散式的、不可篡改的帳本，每個資料塊都包含前一個資料塊的資訊，形成一個連續的鏈條。這使得資料的完整性得到了高度保障，一旦資料被記錄在區塊鏈上，幾乎無法被篡改。此外，區塊鏈的透明性意謂著每個參與者都可以查看和驗證資料，增加了系統的信任度。

此外，Web3.0 還透過採用 Crypto 方法，如公私密金鑰加密和數位簽章，來確保身分認證和資料的完整性。每個用戶都有自己的私密金鑰和公開金鑰，私密金鑰用於解密資料，公開金鑰用於加密資料和數位簽章。這種密碼學方法有效防止了身分盜用和資料篡改，為使用者

提供了更高的安全性。公私密金鑰加密確保只有私密金鑰持有者才能解密資料，數位簽章則保證資料在傳輸過程中不會被篡改。

1.2.4 Web 應用程式的不同

對於 Web2.0 和 Web3.0 來說，除了協定、網路構建方式、安全性的不同，Web2.0 和 Web3.0 的應用程式架構也有很大不同。

在傳統的 Web 應用程式架構中，我們通常見到的是用戶端-伺服器模型，其中用戶端向伺服器發送請求，伺服器處理請求並將回應發送回用戶端。這種模型的核心是集中式的，所有的資料和業務邏輯都集中在伺服器端，而用戶端主要負責使用者介面的展示。這種集中式的模型在很大程度上依賴於中心化的控制和信任。

然而，在 Web3.0 時代，出現了一種全新的架構，即去中心化 Web 應用程式（dApps）。這些 dApps 建立在區塊鏈技術之上，透過智慧合約的自動執行實現了無需信任、透明和安全的應用程式。智慧合約是能夠自動執行協定規則和規定的合約，它們在 dApp 的運行中扮演著至關重要的角色。

一方面，智慧合約使得 dApps 能夠建立分散的獨立系統，擺脫了對中央控制的依賴。在傳統的架構中，伺服器扮演著資料和業務邏輯的管理者，想像一下伺服器就像是一個大管家，管理著所有的資料和業務規則。當你使用應用時，你的設備（用戶端）需要向這位大管家發送請求，比如請求獲取資料或執行某項操作。大管家負責處理這些請求，並返回相應的結果給你的設備。

而在 dApps 中，這些邏輯被嵌入到智慧合約中。在這裡，大管家的角色被智慧合約所取代。智慧合約是一種特殊的計算代碼，它被嵌入在區塊鏈上。這個區塊鏈可以看作是一個公開的帳本，記錄著所有的交易和操作。

當你在 dApp 中發起一個請求時，不再需要傳統的中央伺服器來處理。相反，智慧合約就像是一個自動執行的規則書，它包含了應用程式的業務邏輯和操作規則。你的請求將發送到區塊鏈，然後由智慧合約自動執行相應的規則，產生結果並將結果寫入區塊鏈。

這就是所謂的「建立分散的獨立系統」：整個應用程式的邏輯不再被集中在一個伺服器上，而是透過智慧合約分散儲存在區塊鏈的各個節點上。這種去中心化的方式使得系統不再依賴於單一的中央控制點，而是透過智慧合約的自動執行來完成應用程式的各種操作。

另一方面，智慧合約推動著新的商業模式的出現。透過區塊鏈的透明性和可程式設計性，智慧合約可以創建各式各樣的商業邏輯，包括去仲介化的交易、去信任的合作等。這為創新提供了空間，促使出現更加開放和高效的交易方式。

舉個例子，我們去市場買東西，傳統的方式是我們和商家之間需要一個中間人，比如售貨員。你告訴售貨員我們要買什麼，然後售貨員會幫我們找到商品、結算款項，整個過程需要依賴這個仲介。現在，讓我們將這個情景映射到智慧合約的世界。在這裡，智慧合約就像是一個自動的市場規則書，其中包含了各種商業邏輯。當我們想買某樣東西時，我們不再需要依賴售貨員這個中間人。相反，我們的需

求被寫入智慧合約，它會自動執行市場規則。透過區塊鏈的透明性，任何人都可以查看這個智慧合約中的規則，確保交易的公正和透明。而智慧合約的可程式設計性使得市場規則可以根據不同的需求和情況進行靈活調整。

這就是所謂的「推動新的商業模式的出現」：智慧合約為商業交易提供了一種去仲介化、去信任的方式。沒有了傳統仲介的繁瑣流程，交易更加直接、高效。想像一下，基於智慧合約，未來的租房交易將無需仲介。因為智慧合約可以包含租房規則，如支付和入住條件。當租客滿足條件時，合約會自動執行付款和提供房屋的權利。這種方式避免了租客和房東之間的繁瑣交流和信任問題，實現了更加直接和高效的租房過程。

另外，dApps 生態系統中的智慧合約還具有開放性和問責制的特點。由於運行在區塊鏈上，所有的智慧合約執行都可以被公開驗證，確保了系統的透明性。這也意謂著參與者可以對合約的執行過程進行監督，從而建立更加公正和問責的體系。

1.2.5 數位身分的不同

在 Web2.0 階段和 Web3.0 階段，使用者的數位身分也是不同的。

今天，我們在不同平台上創建獨立帳戶，例如在 Twitter、YouTube 和抖音、快手上都需要分別註冊不同的帳戶。當使用者需要更新個人資訊，如更改暱稱、頭像或背景圖片時，必須單獨登入每個平台並進行相應修改。儘管一些平台支持透過同一信箱或社群媒體帳號登入，但這也可能引發審查問題。

如果社群媒體巨頭如果決定封鎖用戶在某個平台上的帳號，有可能影響到用戶在其他平台上的帳戶。更糟糕的是，一些平台要求用戶提供真實的個人識別資訊，如身分證號，以完成帳戶註冊。

而 Web3.0 則沒有這樣的麻煩，在 Web3.0 階段，我們可以透過使用以太坊位址和以太坊功能變數名稱服務設定檔等方式，來實現數位身分的統一和管理。也就是說，使用者只需要擁有一個以太坊位址，就能夠在不同的平台上實現跨平台登入，而無需為每個平台單獨創建帳戶。而這個以太坊位址就像是我們在 Web3.0 世界的獨一無二的身分標識，就好比我們在現實生活中的身分證一樣。只要我們有這個特殊的數字位址，我們就可以訪問多個不同的線上平台，而無需反覆註冊和登入。

這種登入方式有幾個顯著的特點。首先，它具有抗審查的性質，因為以太坊位址是基於區塊鏈技術的，難以被單一實體或機構封鎖或審查。這意謂著使用者在使用網路服務時更加自主，不容易受到外部干擾。其次，這種方式保護了使用者的匿名性。以太坊位址並不直接關聯使用者的真實身分資訊，因此在跨平台登入時，用戶的個人隱私得到了有效的保護。相比之下，Web2.0 時代常見的需要提供真實身分資訊的帳戶註冊在 Web3.0 中變得不再必要。

1.2.6 支付方式的不同

在 Web2.0 的今天，我們的支付基礎設施仍然主要依賴於銀行和協力廠商支付機構等中心化組織。使用者在進行線上支付或轉帳時，通常都需要透過這些金融機構來完成交易處理。然而，隨著進入 Web3.0 時代，支付系統將迎來根本性的變革。

Web3.0 採用的是加密貨幣，例如以太幣，作為交易媒介。這意謂著只要有網路連接，世界各地的人都能夠直接在瀏覽器中完成匯款。這是因為加密貨幣的去中心化屬性，使得交易不再依賴於中心化的銀行或協力廠商機構。

首先，Web3.0 中採用的加密貨幣，比如以太幣，具有全球性的可訪問性。任何擁有網際網路連接的個體，無論身處何地，都可以在瀏覽器中進行加密貨幣的交易。這種全球性的支付系統消除了地域限制，讓人們能夠更加自由地進行跨境交易。

其次，去中心化的加密技術成為可信的交易擔保。在 Web2.0 時代，交易需要依賴銀行或協力廠商支付機構來進行驗證和確認。而在 Web3.0 時代，區塊鏈技術的智慧合約和去中心化的特性，使得交易能夠在整個網路上透明、可追溯，並且具有高度安全性。智慧合約允許在交易中設定條件，一旦滿足條件就自動執行，從而保證了交易的可靠性和效率。

第三，Web3.0 的支付系統更具隱私保護。傳統的支付系統可能需要使用者提供大量的個人資訊，例如銀行帳戶、信用卡資訊等。而在 Web3.0 中，使用加密貨幣進行交易不需要暴露過多個人隱私，這提高了用戶的支付安全和隱私保護水準。

最後，Web3.0 的支付系統不再受到單一機構的壟斷。在 Web2.0 時代，一些支付機構可能會對交易進行監控、審查或甚至凍結用戶帳戶。而在 Web3.0 中，去中心化的支付系統減少了對仲介機構的依賴，用戶更加自主地管理和掌握自己的資金，避免了單一機構的壟斷風險。

可以看到，我們今天的 Web2.0 和基於 Web2.0 技術視角下的 Web3.0 之間的差異還是很大的，Web3.0 在其技術邏輯、資料共用和儲存、安全性、應用程式開發和數位身分等方面都發生了範式轉變。雖然 Web3.0 仍處於發展的早期階段，但它正在展現出徹底改變我們與網際網路和彼此互動方式的潛力，並試圖提供一個更加開放、透明和安全的數位環境。

1.3 重建信任 —— Web3.0 的使命

在網際網路誕生之初，人們也曾期待過一個「數位化理想國」，即網際網路作為全新的、低門檻的、匿名化的媒介可以構建一個去中心化、平等、和諧、自由的社會。網際網路會創造前所未有的商業生態，是值得信任的變革性技術。

在 Web2.0 的今天，幾乎所有人都能意識到，那個我們期待的「數位化理想國」沒有出現，甚至真正意義上平等公開的討論也並不存在；全球幾十億網際網路社交人群，數萬億的市值，90% 的社交市場佔有率都被少數幾家社群媒體公司所擁有，這種壟斷使得他們能夠單方面制定使用條款，隨意修改服務條款，而使用者卻無法反對，資料濫用、洩露等事件經常發生。

人們離不開網際網路，卻也再難信任網際網路，Web3.0 的概念便是在這樣的背景下出現的，而 Web3.0 的使命，就是重建人們對於網際網路的信任。可以說，Web3.0 背後的敘事和思想是有著漫長的淵源的，而 Web3.0 想要塑造的那種「網際網路」，恰好類似於數十年前網際網路先驅們希望創造的那個網際網路。

1.3.1 網際網路的初心

對於網際網路技術，人們曾有過許多期待。

1996 年 2 月 8 日，作為對美國 1996 年電信法案的回應，電子前哨基金的創始人約翰‧佩里‧巴羅發佈了《賽博空間獨立宣言》。這篇在早期網際網路上獲得了萬次轉載的文章第一段如此寫到：「工業世界的政府們，你們這些令人生厭的鐵血巨人們，我來自網路世界 —— 一個嶄新的心靈家園。作為未來的代言人，我代表未來，要求過去的你們別管我們。在我們這裡，你們並不受歡迎。在我們聚集的地方，你們沒有主權。」

這是一個典型的技術決定論的宣言，它代表了早期網際網路從業者對整個網際網路技術烏托邦式的美好幻想。它將網路空間與現實空間分割開來看成兩個互相不應干涉的主體，主張在網際網路空間中，傳統權威應該讓位於新興的網路社群，拒絕過去的權威介入。這也反映了當時網際網路社群的一種對抗和反叛的情緒。因為網際網路在其初期被視為一個自由開放的空間，讓人們可以自由表達觀點、分享資訊，而不受傳統社會和政府的束縛。巴羅的宣言表達了對傳統機構的不信任，主張網際網路社群應該自主管理和決定自己的事務。

儘管這違背了任何新技術必將作用於社會並被社會反作用的客觀規律，顯然，不管是電腦、手機，還是伺服器、路由器和實體光纜，仍然是由工業大機器生產的，任何一個網路空間都不可能逃脫「工業政府」的管理。雖然網路空間的獨立並沒有成為真正的現實，但不可否認的是這種技術決定論所帶來的樂觀主義一直主導著網際網路的發展。

初識 Web3.0

在過去的幾十年裡，網際網路的從業者們都沉浸在自身事業為社會帶來福祉的榮譽感中無法自拔。事實上，技術樂觀主義某種程度是正確的——福祉只要跑的比問題快，問題就不是問題。

比如在 Web1.0 階段，網際網路上的確有很多理性、公平的聲音。在這一時期，人們對於網際網路上內容的討論基本存留在聊天室這樣的區域，主要的網際網路參與用戶無論是生活水準還是知識水準都相對較高，畢竟那個時期能夠買的起電腦和能上網的家庭屈指可數。比如在中國，像韓寒的男作家，或是當年明月這樣的文字寫手，都在那一時期創造了大量的優質的內容。放在現在，我們很難想像會有人認真的用幾千字跟你討論民主和自由的意義，更難以想像民眾會對於民主這個概念進行全民性的討論和分析。

被譽為「網際網路之父」的蒂姆·伯納斯·李（Tim Berners-Lee）也認為，網際網路最具價值的地方，在於賦予人們平等獲取資訊的權利。他希望全球資訊網能夠幫助人類整理他們現有的知識，提供他們所不知道的東西。因為這個原因，他拒絕一切把全球資訊網精英化的做法，拒絕為它豎立屏障，更加拒絕從全球資訊網本身獲得金錢收益。而伯納斯·李，這位偉大的電腦科學家，他所希望的「平等」，其實就是去中心化的。

遺憾的是，故事後面的發展仍然遵循了那個重複了千百遍的俗套——人類期待某種技術的進步能夠顛覆性地改善人類世界。但事實上，新的技術只是反過來再次強調了人類群體原生的缺陷。正如我們今天在數位技術的驅動下，當我們的資訊傳播從 Web1.0 時代的絕對中心化，向行動網際網路的自媒體時代轉變之後，當人人都能成為資

訊的生產者之後，當人工智慧擁有了資訊創作與大數據管控能力的時候，我們人類就進入了一個被演算法，被人工智慧統治的時代。在演算法的統治下，人類正在步入一個無真相時代。

1.3.2 與初心背離的 Web2.0

在 Web2.0 階段，網際網路開始與其初心走向背離。

帶起 Web2.0 概念的是 O'Reilly Media，他認為 Web2.0 的特點是：將網路作為應用平台、更加民主化的網路與更多樣化的資訊分發。可以看到，在 Web2.0 概念提出之時，人們依然想透過網際網路對普通用戶進行民主化賦權。

但在得到更多交互的同時，另一個敘事建立了：網際網路不再僅僅由個體組成，它在呼喚作為平台的服務商要為普通人建立一個創作內容的空間。那時候沒有人認為平台會有什麼問題；相反，平台對於普通用戶而言可能更好。網際網路民主化的基礎設施就是更加便利的互動體驗。

有一本被譽為網際網路產品的「聖經」是《Don't Make Me Think》（2000），中文翻譯叫做《點石成金：訪客至上的網頁設計秘笈》（2006）。一直到 2015 年創業浪潮起來之後，這本書還是會被推薦為創業者必讀。使用者不需要操心任何事，交給平台就好。

但在今天，我們已經能夠很明顯地感受到平台對於我們真實生活和空間的侵佔和影響——網際網路大平台利用使用者資料形成網路效應，壟斷了我們的線上生活。利用資料，平台可以更好的推送精準廣告到我們眼前，在某些情況下，平台甚至可以操縱我們的想法。

最典型的就是 2018 年 3 月，爆發的轟動全球的「Facebook 資料門」事件。在這一事件中，8700 萬 Facebook 使用者的個人資料被出賣給一家叫做「劍橋分析」的公司，這家公司操縱這些資料，最終成功地透過選舉程式，使得英國脫歐、川普上臺。

劍橋分析的「種子用戶」來自一款發佈在 Facebook 上的心理測試 app，這個心理測試透過分析點讚等社交行為，給一個人進行心理畫像——每個美國人身上有 5000 個資訊點，基於這些資訊點，結合心理學分析，就足以建構一個人的性格模型。

其中，分析 10 次點讚行為，平台對你個性的分析就能比你同事更準確。只需要 68 個「讚」，就可以估計出用戶的膚色、性取向、黨派。有 150 個點讚資料，對你的瞭解程度可以超過你的父母。超過 300 個點讚資料，對你的瞭解就會超過你的伴侶。而且，因為每個人都有許多社交好友，演算法無需直接查看你的個人資訊，只要觸及到你的朋友也是一樣。也就是說，即便你自己沒有使用某款 app，只要你的朋友使用了，那麼你的資料也就一併被抓取，進入模型，被演算法分析。劍橋分析就是這樣，從 27 萬用戶畫像，擴展到了 5000 萬，並且該公司宣稱，以這 5000 萬個樣本為基礎，他們可以精準預測全體美國人的行為。

2019 年 4 月，紐約時報發佈的一篇名為《減少網際網路是唯一的答案》（The Only Answer Is Less Internet）將西方主流媒體對網際網路行業的批判推到了一個新的高峰。在此之前，僅 2019 年 4 月一個月，西方主流媒體就出現了 20 篇左右泛網際網路行業負面評論（非新聞）。撰文媒體覆蓋紐約時報、華盛頓郵報、VICE、BuzzFeed News、NBC、哈佛商業評論、《財富》、The Verge 等不同類型媒體。

這個時候，網際網路行業本身，早已不再是自由與民主的象徵，而成為了某種抽象的萬惡之源。在紐約時報的文章中談到，網際網路的發展模式往往被認為有兩種，一種是完全由無形之手也即自由市場所主導的西方模式，另一種則是由強監管、強准入、強管理主導的東方模式。文章認為，從現在來看，這種對立分野似乎是錯誤的。因為無論是西方網際網路還是東方網際網路，最終殊途同歸的走到了集權、矮化公民為消費者、侵犯隱私與操控輿論的這一終點。

有很多現實的例子也證明了這一點。比如，在言論自由方面，作為網路平台管理者的網際網路公司就掌握著篩選線民言論的權力，要知道，網路言論自由的基礎是網際網路企業所提供的社群平台，而網路言論自由的前提則是：平台自身是商業化的，不受公權力的控制；平台自身是充分競爭的，沒有壟斷。

但今天，新浪微博對於用戶的「封號」或「禁言」行為（強制註銷用戶帳號或者仍然保留帳號但禁止該用戶發表言論）眾所周知，這實際上就是限制公民的網路言論自由的體現。同樣，在騰訊公司開發的微信中，對於公眾號（開發者或商家在微信平台上申請的應用帳號）以及公民私人帳號同樣享有「封號」權利。在 2020 年美國總統大選期間，Meta（Facebook）、X（推特）、YouTube 三大網路平台，就聯手徹底封殺川普。要知道，川普的 X 帳號，曾經有 8876 萬粉絲，是全球第一網紅，美國最大的聲音。但在平台封殺下，一夕之間就成了空白帳號，川普曾經發佈的所有推文，都無法顯示。

有意思的是，川普不是一個人，他是一個團隊，他有很多個推特帳號。比如說川普的競選帳號「TeamTrump」，比方說他競選團隊總監

的個人帳號等等。利用這些帳號，川普轉號「重生」。可惜，很快，這些帳號統統被平台給封禁，甚至一不做二不休，X連川普團隊裡的國家安全顧問麥可‧弗林、律師西德尼‧鮑威爾、律師林伍德的帳號也一併永久封禁。這些帳號，統統是百萬粉絲以上的大號，但X點了一下滑鼠，就全軍覆沒。

除了「封號」行為是從源頭上對公民發表自由言論進行干擾之外，網際網路公司的資訊篩選功能也限制著網路言論自由。出於市場競爭的目的，網際網路公司往往會選擇遮罩或刪除不利於其繼續發展的用戶言論或保留對競爭者具有攻擊性的用戶言論，以此左右用戶的態度和觀點。

機器人帳號是一種能夠在社交網路上接收指令並模仿正常人類使用者行為的智慧程式。並且，隨著人工智慧的發展，從創建應用軟體、官方網站或內容傳播平台，到生產具有實質性內容的圖像、影片或文字，透過或真或假或自動地與用戶交互，今天，機器人帳號已經越來越「真實」。作為能模仿正常人類使用者行為的智慧程式，機器人帳號最大的特點，就是龐大。

早在2017年，就有研究人員報告了其發現的一個X（Twitter）僵屍網路，其中包含超過35萬個機器人帳戶。這是一個具有難以想像比例的網路，它自2013年誕生以來就一直未被發現。同年，來自美國馬里蘭州的網路安全公司ZeroFox公佈了一份研究報告，揭開了X平台大規模垃圾色情郵件僵屍網路的冰山一角：根據報告，被ZeroFox定點追蹤、被稱為「SIREN」的X僵屍網路，包含超過90000個偽造的帳號，總計發佈了超過850萬條包含惡意連結的推文。這些內容僅在調

查結束前的數週之內，就產生了超過 3000 萬次的用戶點擊。而這些龐大的機器人帳號正是由平台來操控以實現自身目的。

　　這兩年，中文網際網路還有一個討論的熱點，就是外送員（以下稱外賣騎手）和平台的矛盾。2020 年 3 月，「人物」一篇題為《外賣騎手，困在系統裡》的深度報導展現了外賣行業中險象環生的現狀，幾乎引爆了全網。文章指出，面對外賣市場的激烈競爭，平台持續地追求提升效率和降低成本，採用大數據技術和人工智慧演算法，並在發掘人力極限的過程中，不斷降低送餐時限。全行業外賣訂單單均配送時長在 2019 年比 3 年前減少了 10 分鐘，這個過程裡，超速翻車、逆行撞人、闖紅燈被撞等諸多交通事故頻發。

　　文章發佈後，網路上充斥著對餓了麼、美團等外賣平台的撻伐之聲。演算法等科技手段對外賣騎手的「盤剝」和系統平台對外賣騎手的規訓，也讓外賣行業成為眾矢之的。

　　具體來看，一方面，依託於資訊技術的發展，在資本的助推下，網際網路外賣平台建立起平台交易的資料庫，並藉助網際網路大數據處理能力的優勢，逐漸建立起網際網路時代的資訊鴻溝。勞動者進入外賣勞動力市場只能在為數不多的平台寡頭中進行選擇，且所有的訂單資訊都需要透過外賣平台獲取。於是，憑藉著壟斷資訊優勢，外賣平台制定了定價體系、派單規則、獎懲制度、評價規則等一系列勞動過程運行規則。勞動者可以選擇不進入該勞動力市場，但是一旦進入該市場成為外賣騎手，就必須遵守平台制定的運行規則，並形成對外賣平台的依附。這進一步加劇了平台與勞動者之間的不平等，資強勞弱的局面更加嚴重。

另一方面，智慧派單系統是平台企業控制外賣騎手的核心方式，不僅使平台進一步實現資訊壟斷，更強化了騎手對平台的依附關係。

智慧派單系統依託於大數據處理技術和人工智慧技術，其中，騎手的資料特徵，包括所在位置、線上時間、接單數量、配送進度、客戶評價等不斷被累積記錄，平台並以此進行大數據分析，智慧分配訂單，並透過系統監控騎手的接單情況、送餐路線，在送達後，騎手還需要請求任務結束。

在這種模式下，騎手的自主性基本被剝奪，失去了對時間的控制，完全需要按照演算法提供的指令來工作。另外，在騎手送完訂單後，系統可以根據訂單需求預測和運力分佈情況，告知騎手不同商圈的運力需求情況，實現閒時的運力調度。透過上述技術和模式的引入，系統計算的配送不斷縮短，就有了《外賣騎手，困在系統裡》一文中，全行業外賣訂單單均配送時長不斷縮短的現象。於是，在準時送達的壓力下，我們經常可以看到騎手在街頭風馳電掣，逆行、闖紅燈，邊騎邊看手機的情況屢見不鮮，後果就是騎手成為潛在的馬路殺手，關於外賣騎手發生交通事故的數量不斷增加，才有了「外送員已成高危職業」的熱搜。

Web2.0 的理想已經破滅了，從 Web1.0 到 Web2.0，平台的確幫助用戶更輕鬆地上網與互動，但它們拿走的比給予的更多。可以說 Web2.0 直接讓人類從有限真相時代進入到了一個無真相時代，在平台演算法技術的驅動下，人類正在進入一個被機器演算法統治的時代。

尤其是隨著人工智慧進入真正的智慧化之後，當人工智慧藉助於 ChatGPT 這樣的大模型技術具有了類人的語言邏輯能力之後，它們可以根據人類的需求即時生成各種機器答案回饋給人類，這將把我們人類推到了一個即將被機器統治的時代。Sora 的出現，更是進一步給人類社會的文明帶來挑戰。因為它不再侷限於文本，而是直接將一句話、一段文字、一個故事，生成我們人類最容易接受的方式，影片，或者說直接用文來生成電影。從逼真度、藝術性、視覺性等方面，非專業人士幾乎難以辨別這是機器的產物。

而這樣的內容生成，對於 Sora 而言只需要幾十秒，並且可以無限制的變化著生成。這對於我們人類而言，這將是一件不得不面對的挑戰，演算法正在統治著人類社會。如果人類社會不做出相應的變化，這種演算法統治將會越來越深入，越來越廣泛。

1.3.3 重建對網際網路的信任

我們需要承認，網際網路是偉大的技術，但並不是其所有的前進方向都是合適的。Web2.0 的困境，就是 Web3.0 出現的契機。

Web3.0 的核心理念就是要重新設計現有的網際網路服務和產品，使其能夠利好於大眾而不僅僅是企業巨頭。當然，資料仍然會被用來驅動決策，但不會被用來剝削消費者。資料權利將受到保護，而不僅僅是為了追逐利潤。激勵機制和市場機制將有助於確保資訊的可信度和可驗證性。

同時，Web3.0 的世界將優先考慮個人的主權，而不是由全球少數富有的菁英或特權團體掌控。在這個新的生態中，個體將更加掌握自己的資料和權益，不再被動地成為資料的被利用者。這意謂著用戶將能夠更加自主地管理和決定自己的數位足跡，而不必擔心個人資訊的濫用。

Web3.0 還強調了去中心化的理念，試圖消除傳統網際網路中集中權力的問題。透過採用區塊鏈技術等手段，Web3.0 旨在建立一個分散式、透明且不容易被操縱的網路結構。這有助於減少對仲介機構的依賴，提高網路的穩定性和安全性。

可以說，Web3.0 不僅僅和技術有關，更是要重建對網際網路的敘事體系。事實上，今天我們不光生活在 Web2.0 的世界裡，更是生活在 Web2.0 敘事體系下的世界裡。Web2.0 的敘事體系塑造了我們對創業的認知，將「精益原則」、「快速迭代」、追求「網路效應」等理念奉為成功之道，最終形成了「平台型公司」的典型形態。在這個敘事框架下，資料被賦予新時代的石油地位，演算法推薦成為內容分發的強大工具，而每個員工都被鼓勵具備「產品經理思維」。

這種被冠以「網際網路思維」的敘事體系，的確在一定程度上取得了成功。創業者們樂於追求「網路效應」，開發者們珍視「快速迭代」的價值，資料的至上更成為網際網路世界裡不容置疑的信條。這種思維方式推動了技術的迅猛發展，加速了產品和服務的創新，也培養了大批以資料為導向的企業家和從業者。

然而，正如硬幣有兩面一樣，這種敘事體系也帶來了一些問題。對「網路效應」的過度追求可能導致壟斷現象，使得少數平台壟斷了市場佔有率，從而限制了競爭和創新的空間。對「快速迭代」的盲目追求可能忽視了產品品質和長期可持續發展，導致一些短視的決策。而資料至上的信仰，有時會引發隱私和安全等方面的問題，引發社會的擔憂。這套敘事就像是網際網路的思想鋼印。一些人會說用戶成為了大平台的奴隸，不過正如魯迅當年所說：奴隸和奴隸主都是不自由的。

Web3.0 的湧現為這一敘事體系帶來了新的挑戰。Web3.0 不是簡單的技術升級，而是對網際網路思維的深刻反思。Web3.0 讓所有已經習慣了 Web2.0 敘事的人，反思自己的習慣究竟是否正確。在這個過程中，所有習慣的事情都需要被重新審，比如：網際網路必須追求網路效應嗎？網際網路公司只有成為平台型或者投靠某個平台兩個出路嗎？使用者對產品只能有使用權，沒有所有權嗎？越多的資料越好，但這是對平台好還是對用戶好？

在 Web2.0 敘事斷裂處，網際網路的新思想開始湧現。透過再次審視我們習以為常的概念，對網際網路的想像力正在復甦。Web3.0 語境下的敘事正是它對 Web2.0 的革命。可以說，Web3.0 不僅僅是 Web2.0 平台的升級版，它更是一件截然不同的事情，也是人工智慧與計算、通訊等技術發展下的必然。並且，Web3.0 並不是單純的技術問題，它更是一個由思想和技術共同組成的大問題。我們需要關注的不僅是分散式儲存、NFT、去中心化等技術問題，更重要的是思考：我們該如何打造一個更美好、更公平的網際網路世界。技術只是手段，而更核心的是我們對於網際網路的價值觀和理念。

事實上，很多時候只有當技術遇到問題，我們才開始真正的思考需要技術來幫助我們解決哪些問題，然後不斷的在技術中發現問題、解決問題，再不斷的催生出新的技術。而技術帶來這一系列問題中，我們選擇解決哪一個、先不解決哪一個的這種價值排序，本身就是一個思想問題。技術會帶來思想的變革，思想的變革又會反過來推動技術的進步，這是一個迴圈。現在，新一輪的迴圈已經開始，一個全新的網際網路模式正在到來。

或許我們也可以理解為，我們人類社會一直在探索的路上，我們不斷的發明新的技術，然後新的技術又不斷的催生出新的問題，然後我們再不斷的尋找新的技術來解決這些新的問題，就這樣周而復始的推動著人類社會不斷的走向無人區。

我們人類即是問題的創造者，又是問題的解決者。

Note

CHAPTER 2

Web3.0 的基礎設施

2.1 區塊鏈，Web3.0 的核心技術

儘管 Web3.0 被廣泛地認為是下一代網際網路，但直到今天，學術及企業界對 Web3.0 的概念仍然沒有統一的認識和定義。不過，無論對 Web3.0 的理解有何異同，區塊鏈是 Web3.0 的核心支撐技術都是普遍共識。

2.1.1 區塊鏈 = 區塊 + 鏈

區塊鏈是人類科學史上偉大的發明和技術。2008 年，美國人中本聰（Satoshi Nakamoto）的一篇文章《比特幣：點對點電子現金系統》以比特幣為物件提出區塊鏈這一技術構想，在當時被看作天方夜譚。但十餘年間，區塊鏈不但引發了銀行業和金融業的一場革命，而且成為人類目前在資料計算、儲存領域最領先的技術之一。

根據國際定義，區塊鏈是藉由密碼學與共識機制等技術建立與儲存龐大交易資料鏈的點對點網路系統。每一個區塊包含了前一個區塊的加密散列、相應時間戳記以及交易資料，這樣的設計使得區塊內容具有難以篡改的特性。

本質上，區塊鏈就是一個帳本，可以讓互不信任的人，在沒有權威中間機構的介入下，充分信任對方來進行資訊與價值互換。區塊鏈是分散式資料儲存、點對點傳輸、共識機制、加密演算法等電腦技術在網際網路時代的創新應用模式。目前區塊鏈技術最大的應用是加密貨幣，例如比特幣的發明。因為支付的本質是「將帳戶 A 中減少的金額增加到帳戶 B 中」。如果人們有一本公共帳簿，記錄了所有的帳戶至

今為止的所有交易，那麼對於任何一個帳戶，人們都可以計算出它當前擁有的金額數量。通俗來講，區塊鏈就是由以前的一人記帳，變成了大家一起記帳的模式，讓帳目和交易更安全。

區塊鏈技術由「區塊」和「鏈」兩部分組成，這是從資料形態對這項技術進行描述。區塊是使用密碼學方法產生的資料塊，資料以電子記錄的形式被永久儲存下來，存放這些電子記錄的檔案就被稱為「區塊」。每個區塊記錄了幾項內容，包括區塊大小、區塊頭部資訊、交易數、交易詳情。每一個區塊都由區塊頭和區塊身組成。區塊頭用於連結到上一個區塊的位址，並且為區塊鏈資料庫提供完整性保證；區塊身則包含了經過驗證的、區塊創建過程中發生的交易詳情或其他資料記錄。

區塊鏈的資料儲存透過兩種方式來保證資料庫的完整性和嚴謹性；第一，每一個區塊上記錄的交易是上一個區塊形成之後，該區塊被創建前發生的所有價值交換活動，這個特點保證了資料庫的完整性；第二，在絕大多數情況下，一旦新區塊完成後被加入到區塊鏈的最後，則此區塊的資料記錄就再也不能改變或刪除。這個特點保證了資料庫的嚴謹性，使其無法被篡改。

鏈式結構主要依靠各個區塊之間的區塊頭部資訊連結起來，頭部資訊記錄了上一個區塊的雜湊值（透過散列函數變換的散列值）和本區塊的雜湊值。本區塊的雜湊值，又在下一個新的區塊中有所記錄，由此完成了所有區塊的資訊鏈。

同時，由於區塊上包含了時間戳記，區塊鏈還帶有時序性。時間越久的區塊鏈後面所連結的區塊越多，修改該區塊所要付出的代價也

就越大。區塊採用了密碼協定，允許電腦（節點）的網路共同維護資訊的共用分散式帳本，而不需要節點之間的完全信任。

該機制保證，只要大多數網路按照所述管理規則發佈到區塊上，則儲存在區塊鏈中的資訊就可被信任為可靠的。這可以確保交易資料在整個網路中被一致地複製。分散式儲存機制的存在，通常意謂著網路的所有節點都保存了區塊鏈上儲存的所有資訊。借用一個形象的比喻，區塊鏈就好比地殼，越往下層，時間越久遠，結構越穩定，不會發生改變。

由於區塊鏈將創世塊以來的所有交易都明文記錄在區塊中，且形成的資料記錄不可篡改，因此任何交易雙方之間的價值交換活動都是可以追蹤和查詢到的。這種完全透明的資料管理體系不僅從法律角度看無懈可擊，也為物流追蹤、操作日誌記錄、審計查帳等提供了可信任的追蹤捷徑。

另外，區塊鏈在增加新區塊的時候，有很低的機率發生「分叉」現象，即同一時間出現兩個符合要求的區塊。對於「分叉」的解決方法是延長時間，等待下一個區塊生成，選擇長度最長的支鏈添加到主鏈。「分叉」發生的機率很低，多次分叉的機率基本上可以忽略不計，「分叉」只是短暫的狀態，最終的區塊鏈必然是唯一確定的最長鏈。

從監管和審計的角度來看，條目可以添加到分散式帳本中，但不能從中刪除。運行專用軟體的通信節點網路以對等方式在參與者之間複製分類帳，執行分散式分類帳的維護和驗證。在區塊鏈上共用的所有資訊都具有可審計的痕跡，這意謂著它具有可追蹤的數位「指紋」。分類帳上的資訊是普遍和持久的，其透過創建可靠的「交易雲」，使資

料不會丟失，所以區塊鏈技術從根本上消除了交易對手之間的單點故障風險和資料碎片差異。

2.2 智慧合約，為 Web3.0 交易作保

在網際網路時代，任何一項數位化的社會和經濟活動都離不開交互與合作。在 Web1.0 和 Web2.0 時代，如何讓一群陌生人在虛擬環境中達成合作一直是一個挑戰。傳統模式通常透過仲介平台來撮合和擔保合作，但這帶來了一系列問題，包括信任、安全和效率等方面的瓶頸。

然而，在 Web3.0 時代，隨著區塊鏈技術的崛起，我們迎來了一種全新的合作方式，即基於區塊鏈的智慧合約。這種新型合作模式為數位社會和經濟活動注入了更多的信任、透明度和去中心化的元素。

2.2.1 從比特幣到以太坊

從區塊鏈 1.0 到區塊鏈 3.0，當前，區塊鏈已經進入大航海時代。在這個過程中，區塊鏈技術也有了許多變化和發展。其中，區塊鏈最重要也是唯二的兩個原生應用，一個是分散式帳本，衍生出數位貨幣應用，另一個就是智慧合約。

在最初的區塊鏈 1.0 階段，區塊鏈僅僅指比特幣的總帳記錄，這些帳目記錄了自比特幣網路運行以來所產生的所有交易。從應用角度來看，區塊鏈就是一本安全的全球總帳本，所有的可數位化的交易都是透過這個總帳本來記錄的。

2008年10月31號，比特幣創始人中本聰在密碼學郵件組發表了一篇論文——《比特幣：一種點對點的電子現金系統》。在這篇論文中，中本聰聲稱發明了一套新的不受政府或機構控制的電子錢系統，明確了比特幣的模式，並表明去中心化、不可增發、無限分割是比特幣的基本特點，區塊鏈技術是支援比特幣運行的基礎。

2009年1月，中本聰在SourceForge網站發佈了區塊鏈的應用案例-比特幣系統的開源軟體，他同時透過「挖礦」得到了50枚比特幣，產生的第一批比特幣的區塊鏈就叫「創世塊」。一週後，中本聰發送了10個比特幣給密碼學專家哈爾·芬尼，這也成為比特幣史上的第一筆交易。從此，比特幣狂潮一發不可收拾。

2010年2月6日誕生了第一個比特幣交易所，5月22日有人用10000個比特幣購買了兩個披薩。2010年7月17日著名比特幣交易所Mt.gox成立，這標誌著比特幣真正進入了市場。儘管如此，能夠瞭解到比特幣，從而進入市場參與比特幣買賣的主要還是狂熱於網際網路技術的極客們。他們在論壇上討論比特幣技術，在自己的電腦上挖礦獲得比特幣，在Mt.gox上買賣比特幣。

比特幣實現了去中心化的資產記錄和流轉。在比特幣網路中，多方維護同一個區塊鏈帳本，透過「挖礦」也就是計算亂數的方法確定記帳權，從而實現帳本的去中心化、安全性、不可篡改。透過「挖礦」獎勵的經濟學激勵設計，礦工會自願購買礦機提供運算能力從而維護整個交易網路，保證系統的安全性。比特幣經過十多年的時間驗證，其價值儲存功能已經被部分海外市場機構和政府所接受。

比特幣的成功證明了去中心化的價值流轉可以有效實現。在比特幣成功的基礎上，以太坊借鑒其模式並進行了升級，支持更複雜的程式邏輯，誕生了智慧合約，使區塊鏈從去中心化帳本的 1.0 時代邁向去中心化計算平台的 2.0 時代。

具體來看，2013 年年末，維塔利克創立了以太坊（Ethereum）──最早的數位代幣生態系統自此誕生。以太坊是一個基於區塊鏈的智慧合約平台，是區塊鏈上的「安卓系統」。任何人都可以使用以太坊的服務，在以太坊系統上開發應用。現在，在以太坊改造後的地基上，已經有上千應用大廈被搭建起來。

事實上，早在 1994 年，電腦及密碼學家尼克·薩博（Nick Szabo）就首次提出了智慧合約概念，薩博在論文中寫道：「智慧財產可能以將智慧合約內建到物理實體的方式，被創造出來。」（原文：Smart property might be created by embedding smart contracts in physical objects.）其中一個例子是汽車貸款，如果貸款者不還款，智慧合約將自動收回發動汽車的數位鑰匙。毫無疑問，智慧合約這種用途對未來的汽車經銷商很有吸引力。薩博定義道：「一個智慧合約是一個電腦化的交易協定，它執行一個合約的條款。」交易協定中的「協定」二字指的是電腦協定。薩博認為這些電腦協定可以透過數位化方式促成、驗證並執行合約的協商和履行，而且在理想情況下無需任何協力廠商參與。

基於智慧合約的概念，以太坊的設計目標就是打造區塊鏈 2.0 生態，這是一個具備圖靈完備腳本的公共區塊鏈平台，被稱為「世界電腦」。除進行價值傳遞外，開發者還能夠在以太坊上創建任意的智慧合

約。以太坊透過智慧合約的方式，拓展了區塊鏈商用管道。比如，眾多區塊鏈項目的代幣發行，以及去中心化應用（DApps）的開發。

以太坊透過智慧合約和虛擬機器實現了去中心化通用計算，以太坊開發者可以自由地創建去中心化應用，自由地創建、部署合約。以太坊礦工在控礦的同時，需要透過虛擬機器執行合約程式，並由新的資料狀態產生新的區塊。其他節點在驗證區塊鏈的同時需要驗證合約是否正確執行，從而保證了計算結果的可信。

以太坊上的智慧合約公開透明且可以相互調用，保障了生態的開放透明，透過開源實現信任。簡單來說，以太坊透過搭載智慧合約，將 A 與 B 之間的某種約定以「If-else」的表述寫入程式中，並讓全網見證這一約定，到期自動執行，避免了傳統意義上中心化見證、擔保等行為帶來的額外摩擦成本。

2.2.2 Web3.0 需要智慧合約

「合約（contract）」，也稱為「合同」、「契約」，是若干自由人之間建立的具有法律約束性的協議，是一個在人類社會發展過程中分量極重的概念。作為法國大革命各派「共同推崇的聖經」，盧梭的《社會契約論》指出，理想社會就是建立在人與人之間契約關係之上，這可以說是把契約定位為現代社會文明基礎了。1804 年的拿破崙《民法典》初步確立了「契約自由（freedom of contract）」為一切近當代民法的基本原則。今天，全世界大多數人生活於其中的當代社會秩序與法制，正是建構在「契約」這一基本理念之上。

值得一提的是，區塊鏈津津樂道的「去中心化」，正是「契約自由」理念的一種技術實現，而智慧合約則是區塊鏈這一技術的具體應用。

我們可以把以太坊中的智慧合約理解為一種以代碼形式編寫的自動化合約。與傳統合約不同，智慧合約的條款被寫入代碼，並儲存在不可篡改的區塊鏈上。一旦合約的條款滿足特定條件，代碼就會自動執行，無需協力廠商的介入或人工干預。舉個例子，假設房東與房客需要簽訂一份租房合約，傳統合約需要房東與房客雙方簽署紙本合約，並依賴仲介機構來執行合約。而在 Web3.0 中，房東與房客則可以使用智慧合約來簡化整個過程。

其中，房東與房客將合約的條款編寫成智慧合約代碼，並將其上傳到區塊鏈網路中。合約代碼包含了交易的條件和操作，比如，在每個交租日將租金從房客劃給房東，同時將開門密碼劃給房客。這就是一個智慧合約的例子，用自動執行取代仲介交易成本和事後追責成本。這種自動執行的特性消除了傳統合約中的仲介環節，減少了時間和成本。

智慧合約這種自動執行的特性也使其在 Web3.0 中扮演著重要的角色。傳統合約往往需要依賴於仲介機構或法律體系來執行和監督，這帶來了額外的時間和成本。而智慧合約透過以代碼形式將合約規則明確定義，使得合約執行自動化且無需依賴協力廠商的干預。這種自動化執行大幅縮短了合作方之間的交互時間，提高了效率，同時也減輕了合作方對於協力廠商的信任負擔。要知道，在傳統的交易中，往往需要經過多個步驟，包括協商、簽署合約、付款等，而智慧合約將這些步驟整合在一起，形成更為高效的流程。

另外，去中心化的特性使得智慧合約不再依賴於單一的仲介機構，而是在整個網路中分散式執行，而去中心化的信任機制增強了合作方之間的信任，也降低了合作的風險。傳統的交易通常需要透過中心化機構作為信任的背書和交易的撮合方。而智慧合約透過區塊鏈的分散式帳本機制，使交易在整個網路中實現，無需依賴單一的仲介機構。這降低了對於仲介機構的依賴，減少了可能產生的單點故障。由於智慧合約的規則被儲存在區塊鏈上，且無法篡改，合作方能夠放心地依賴於智慧合約的執行結果，而不必擔心被協力廠商操控。

同時，智慧合約也減少了交易的成本。由於去中心化的結構，交易不再需要支付仲介機構的服務費用。智慧合約的自動執行減少了人工干預的需要，降低了人力成本。降低的成本直接反映在交易中，使得交易更為經濟高效。

更重要的是，作為 Web3.0 時代的關鍵技術，智慧合約為新型商業模式的發展提供了堅實的基礎。其去中心化、自動化的交易方式不僅改變了傳統商業的運作方式，也推動了數位經濟的創新，深刻影響著整個商業生態。

首先，智慧合約透過去中心化的特性打破了傳統商業中的中心化局面。在傳統商業模式中，中心化機構往往扮演著決策者、記錄者、撮合者的角色，掌握著交易和資料的主導權。而智慧合約在區塊鏈上運行，以分散式的方式進行資料儲存和驗證，實現了無需仲介機構的交易。這意謂著商業活動不再受制於特定的中心化機構，各參與方都能在公平、透明的環境中進行交易，加強了商業生態的公正性和可信度。

其次，智慧合約的自動化執行為商業流程提供了高度的效率。傳統商業中的合約往往需要經過多個層面的審批和執行步驟，耗費大量時間和人力資源。而智慧合約的自動執行特性使得合約條件一旦滿足就能夠自動執行，無需等待繁瑣的人工干預。這大幅提高了商業活動的執行速度，降低了成本，使得商業流程更為流暢和迅速。

此外，智慧合約為商業模式的創新提供了廣闊空間。在傳統商業中，由於中心化機構的制約，很多商業模式受到了地域、行業等多種因素的限制。而去中心化的智慧合約為商業活動提供了更大的自由度，使得創新者能夠更靈活地設計新型商業模式。

最後，智慧合約的應用還使數位經濟更具包容性。由於智慧合約的去中心化本質，任何參與者都有平等的機會參與商業活動，無論其地理位置、身分背景如何。這促使了數位經濟的全球化發展，為全球範圍內的商業合作提供了更廣泛的可能性。

可以看到，智慧合約在 Web3.0 中的作用不僅僅是技術層面的提升，更是對傳統商業模式和合作方式的顛覆，並為數位社會的發展奠定了更加高效、透明和安全的基礎。

2.2.3 Web3.0 需要區塊鏈

在人們對於 Web3.0 的構想中，最重要的一個特性就是「去中心化」，而這也恰好是區塊鏈最大的優勢。

目前的 Web2.0，無論是採用傳統的客戶伺服器架構還是雲端運算模式，都還是集中化處理的分散式網路。無論是使用傳統的客戶伺服

器模型還是雲端運算模式，仍然存在集中式處理的特徵。雖然 Web2.0 成功實現了用戶之間的連接和互動，極大地改變了人們的生產和生活方式，但隨著網路應用的深入發展和新一代資訊技術的快速演進，Web2.0 網路也面臨著一系列技術挑戰和問題。

比如，安全問題，隨著網際網路的普及，網路安全問題變得日益突出。在 Web2.0 中，使用者產生大量的個人資訊和資料，這些資料儲存在中心化的伺服器上，成為攻擊目標。資料洩露、身分盜竊、惡意軟體等安全威脅對使用者和平台構成潛在威脅。隱私問題也是一個備受關注的問題。在 Web2.0 中，使用者的個人資訊通常由協力廠商平台管理和掌控，使用者對於自己資料的掌控權受到限制。隨著隱私保護法規的逐漸完善，對於用戶隱私的合規性和透明性成為一個亟待解決的問題。真實性也是 Web2.0 亟待解決的問題之一。在社群媒體等平台上，資訊的真實性難以驗證，虛假資訊、謠言傳播等問題層出不窮，這對於使用者的信任建立和資訊傳播的可靠性都構成了威脅。而這些問題的產生，其實就與 Web2.0 的技術架構有關。

相較於 Web2.0 集中化處理的分散式網路，區塊鏈則是一種全新的分散式基礎架構和計算範式。區塊鏈採用了一系列先進的技術手段，包括塊鏈式資料結構、分散式節點共識演算法、密碼學等，從而推動網際網路邁向更加開放和民主的方向。

其中，塊鏈式資料結構是將資料以區塊的形式進行連結儲存。每個區塊包含了一定時間範圍內的交易資訊，而且每個區塊都包含前一個區塊的資訊，形成了鏈式結構。這種設計使得區塊鏈具有不可篡改的特性，一旦資料被寫入區塊鏈，幾乎無法被修改，確保了資料的安全性和可信度。

分散式節點共識演算法是透過多個節點的協作來驗證和確認交易的有效性。這種去中心化的驗證機制消除了傳統中心化體系的單點故障風險，增強了系統的穩健性。每個節點都有權參與決策，沒有單一實體能夠單方面操控整個系統，提高了系統的透明度和公正性。

密碼學的方法則是為了確保資料傳輸和訪問的安全性，包括採用非對稱加密、雜湊函數等密碼學技術，使得資料在傳輸和儲存過程中更難受到攻擊。使用者的身分和交易資訊都可以得到有效保護，增強了隱私性和安全性。

在這些技術的推動下，區塊鏈具備了一個最重要的優勢，那就是去中心化。這種優勢，也是區塊鏈成為支撐 Web3.0 的關鍵技術的關鍵原因。

在區塊鏈網路中，資料不再集中儲存在單一的伺服器或資料庫中，而是以分散式的方式保存在多個節點上。這些節點透過共識演算法達成一致，驗證和記錄交易，形成一個去中心化的帳本。於是，透過使用區塊鏈技術，Web3.0 就能夠摒棄傳統網際網路中心化的模式，實現了權力和控制的分散。

在這種去中心化的結構下，使用者擁有自己的私密金鑰，可以掌控自己的數位資產，而不必依賴協力廠商仲介機構。這意謂著使用者對於自己的資料和財產有更高的控制和隱私保護。另外，去中心化降低了對協力廠商的依賴。傳統模式下，使用者在進行交易、分享資訊等活動時，需要倚賴中心化的平台。而在去中心化的 Web3.0 中，用戶可以直接與其他用戶進行點對點的交互，無需透過中間商，減少了資訊傳遞的層級和延遲。去中心化還提高了系統的抗攻擊性和可靠性。

由於資料分佈在多個節點上，即便某個節點受到攻擊或發生故障，整個系統依然能夠正常運行。這種分散式的特性增加了系統的穩健性，提高了網路的穩定性。

更重要的是，區塊鏈解決了 Web2.0 網路中權力過度集中的問題。在傳統的 Web2.0 網路中，使用者的個人資料通常被集中儲存在中心化的平台伺服器上。這些平台擁有對使用者資料的絕對掌控權，使用者需要信任這些中心化的機構來保護他們的資料。這一方面導致使用者資料失去了對自己資料的直接控制權，個人資訊一旦儲存在中心伺服器上，就有可能被平台濫用或遭受駭客攻擊，早餐隱私洩露和資料安全問題。這在一些大型資料洩露事件中已經屢見不鮮。另一方面，如果平台出現故障、被攻擊或關閉，使用者的資料將面臨丟失的風險，這種對單一平台的依賴性使得整個網路更加脆弱，容易受到外部威脅。

而基於區塊鏈技術的 Web3.0 則沒有這樣的問題，因為在區塊鏈網路中，資料被分散式儲存在多個節點上，每個節點都有一份完整的資料副本。這樣一來，使用者對於自己的資料有了更大的掌控權。舉個例子，在傳統的社群媒體中，用戶的個人資料、帖子和照片都集中儲存在平台的伺服器上。而在基於區塊鏈的社群媒體中，使用者的個人資料被加密分佈儲存在多個節點上，用戶擁有私密金鑰來掌控自己的資料。這樣一來，即使平台被攻擊或關閉，使用者的資料仍然安全存在於區塊鏈網路中。此外，區塊鏈的去中心化結構也降低了資料濫用的可能性。使用者可以選擇性地分享他們的資料，而無需將所有資訊交給中心化的平台。

在當前的技術場景中，想要走向 Web3.0，區塊鏈就成為了其中最關鍵的一步。

2.2.4 智慧合約在今天

今天,智慧合約已經在許多場景裡得到了應用。其中,以太坊是最廣泛使用智慧合約的平台之一。它提供了強大的智慧合約程式設計功能和開發工具,為開發者構建各種去中心化應用(DApps)提供了支援。DApps 透過智慧合約實現了關鍵邏輯的去中心化執行,從而某些解決場景的信任問題,如金融應用中的信用傳遞、遊戲應用中的關鍵數值等。與傳統網路應用不同,DApps 無需註冊,使用去中心化的位址即可確定使用者資訊。

DeFi(去中心化金融)是最為活躍的 DApps,透過智慧合約代替金融契約,提供了一系列去中心化的金融應用。DeFi 透過將金融契約程式化,在區塊鏈上複現了一套金融系統。比如,我們可以透過使用智慧合約參與借貸協議而無需傳統銀行,也可以將數位資產作為抵押,借取其他數位資產,而所有的交易和還款都由智慧合約自動處理,無需信任協力廠商。這種去中心化金融的應用使得金融服務更加開放、透明和包容。

DeFi 對於正在到來的 Web3.0 也具有重要影響,基於 DeFi,用戶就能夠完全掌控鏈上資產。傳統金融系統中,使用者的資產通常由中心化機構掌控,使用者需要信任這些機構來管理和保護資產。而在 DeFi 中,透過區塊鏈和智慧合約技術,用戶能夠直接將資產錨定在鏈上,實現自主管理和掌控。這為用戶提供了更大的自由度,不再受制於傳統金融機構,同時降低了信任風險。DeFi 還實現了金融活動的無地域和信任限制。在傳統金融體系中,跨國交易和金融活動往往受到地域限制和信任問題。而 DeFi 透過去中心化的方式,使得任何使用者

都能夠參與全球範圍的金融活動，不受地理位置的限制。同時，智慧合約的自動執行特性降低了對於仲介機構的信任需求，消除了傳統金融中黑箱操作的可能性，提高了金融活動的透明度和公正性。

DeFi 與 NFT 的結合更是為 Web3.0 帶來了更廣泛的應用領域。未來，將透過 DeFi 的金融邏輯與 NFT 的獨特標識結合，就可以拓展到 Web3.0 的內容、智慧財產權、記錄和身分證明等領域。比如，透過 NFT 可以唯一標識數位藝術品的所有權，而 DeFi 則可以提供數位藝術品的融資和交易服務。這種結合創造了一個能夠容納更多樣化資產、實現更複雜交易的透明自主的金融體系，為 Web3.0 的構建提供了支援。

智慧合約還可以幫助構建安全可信的數位身分系統。比如，我們可以使用智慧合約來管理我們的個人身分資訊，確保只有經過授權的人才能訪問我們的個人資料。這種去中心化的身分驗證和授權機制使得個人隱私更加受到保護，並減少了中心化資料儲存的風險。

當然，這些具體的應用場景只是智慧合約潛力的冰山一角。總而言之，智慧合約的引入是 Web3.0 到來的必須，透過智慧合約，我們就可以在 Web3.0 時代實現更多的去中心化、安全和高效的交易方式，創造全新的商業模式和社會組織。

2.3 NFT，Web3.0 的權益載體

代幣（Token）是區塊鏈權益載體的基礎單位，也是 Web3.0 的「原子」單位。一方面，代幣是一種權益的象徵，代表著用戶在網際網

路中的一定權力和地位。使用者透過持有、交易代幣，實際上在網路中獲得了相應的權益。另一方面，代幣可以作為數位資產的標誌，代表著某種實際的財產或權益。這為數位經濟的發展提供了一種全新的方式。

在 Web3.0 階段，為了確權和管理數位權益，使用者需要將其通證化，也就是透過代幣來表徵自己在網路中的地位。當然，這種通證化的過程可以透過區塊鏈上的智慧合約進行，確保權益的透明和不可篡改。

其中，非同質化代幣（NFT）是一種特殊的代幣，也是 Web3.0 階段最重要的代幣之一。透過 NFT，使用者可以參與數位經濟、確權數位資產、獲得權益獎勵，而這一切都在去中心化的區塊鏈網路中得以實現。

2.3.1 NFT 的技術本質

從技術的本質來看，NFT 是在區塊鏈技術上進一步技術與應用細化發展下出現的一種應用產物，是一種必然會出現的應用技術。

前面我們已經提到，在區塊鏈 1.0 中，比特幣實現了去中心化的資產記錄和流轉，經過十多年的時間驗證，比特幣的價值儲存功能已經被部分海外市場機構和政府所接受。比特幣的成功證明了去中心化的價值流轉可以有效實現。在比特幣成功的基礎上，以太坊借鑑其模式並進行了升級，支持更複雜的程式邏輯，誕生了智慧合約。目前，基於智慧合約的去中心化應用（DApps），主要集中於金融、遊戲、社交領域，用戶數量與資產量都在穩步增長。

而當 DApps 的範圍進一步擴大之後，分散式的儲存必然會帶來資料量的大幅攀升，這個時候，這些分散式的資料就需要打上標識。顯然，如果這些分佈儲存的資料要進行交易，那麼必然就需要有細緻、安全的標識。在這樣的背景下，就延伸出了 NFT 的技術。

NFT，即非同質化代幣，其概念則源於 2017 年的一款區塊鏈遊戲「加密貓」，如同其誕生時的背景和初衷，NFT 為解決版權問題提供了新思路——當一個作品被鑄成 NFT 上鏈之後，該作品便被賦予了一個無法篡改的獨特編碼。這樣，無論該作品被複製、傳播了多少次，原作者始終都是這份作品的唯一所有者。

也就是說，與比特幣等同質化代幣不同，每個 NFT 都是獨一無二、不可分割的，這也是 NFT 最重要的價值。因為有區塊鏈技術的支援，即便旁人也能夠下載、截取 NFT 作品，但 NFT 作品持有者卻能夠透過數位憑證追蹤等方式來證明自己手中 NFT 的原始唯一性。就好像如今隨意就能在書畫市場買到《蒙娜麗莎的微笑》的仿品，但是真品永遠只有羅浮宮裡的那一幅。

NFT 的優勢是顯而易見的。一方面，NFT 從本質上提供了一種資料化的「鑰匙」，由於每一個 NFT 都是稀缺而不可替代的，且購買者的所有權和創作者的版權也因區塊鏈而得到了真實的保證，這符合傳統的供求規律，讓購買者可以方便地進行轉移和行使權利。

另一方面，一系列相應許可權可以存在於中心化服務或中心化資料庫之外。這就大幅增強了資料資產交易、流轉的效率，加速了數位資產化的趨勢。以往，諸如遊戲裝備、虛擬禮品等數位物品儲存於遊戲服務商的伺服器中，玩家並不實際擁有它們，還面臨著損毀、被

盜、黑市交易等問題。而藉助區塊鏈，開發者可以創造稀有的虛擬物品，並確保其稀缺性，用戶也可以安全、可信地保存和交易自己的物品。

不論是從技術的本質，還是 Web3.0 發展的未來來看，NFT 都是大勢所趨。短期，NFT 主要是實現以藝術品為代表的線上虛擬財產來實現數位化確權、流轉和交易；中期，未來股票、私募股權等傳統現實世界中的資產將會實現上鏈，隨時能夠實現流動性轉化；長期，透過預言機體系等，實現實物資產從資產上網到資產上鏈的過程，將承載更豐富的資產價值。

簡單來說，NFT 就是數位世界中的打標籤技術。很顯然，就打標籤而言，在數位世界裡的每一個字元背後都是特定的代碼，如果我們將這些代碼標籤化之後，就是今天所謂的 NFT。

2.3.2 NFT 意謂著什麼？

這樣來看，打標籤技術對應數位所有權而言是一項基礎技術。這也就意謂著類似於 NFT 這樣的打標籤技術將在 Web3.0 階段扮演重要角色，不管是為數位資產賦予唯一性、保障內容創作者權益、實現去中心化經濟、還是虛擬世界建設等，都需要對內容進行權屬化的打標籤。

在今天，現實世界和虛擬世界中的大部分資產都是非同質化的。而 NFT 作為一種帶有權屬的非同質化資產，讓內容創作、藝術品、收藏品甚至房地產等事物得以標記化。它們一次只能擁有一個正式所有者，並且他們受到區塊鏈的保護，沒有人可以修改所有權記錄或複

製、黏貼新的NFT。換言之，NFT可以低成本為虛擬世界中的數位物品確定歸屬權，從而為Web3.0的經濟活動奠定基礎。

具體來看，NFT能夠映射虛擬物品，成為虛擬物品的交易實體，從而使虛擬物品資產化。可以把任意的資料內容透過連結進行鏈上映射，使NFT成為資料內容的資產性「實體」，從而實現資料內容的價值流轉。透過映射數位資產，裝備、裝飾、土地產權都將成為可交易的實體。

也就是說，NFT可以成為Web3.0權利的實體化，讓人類在Web3.0的世界裡創造一個真正的平行宇宙。如同實體鑰匙一般，程式能夠透過識別NFT來確認用戶的許可權，NFT也能夠成為了資訊世界確權的權杖。

這將實現虛擬世界權利的去中心化轉移，無需協力廠商登記機構就可以進行虛擬產權的交易。NFT提供解決思路本質上是提供了一種資料化的「鑰匙」，可以方便地進行轉移和行使權利。並且，一系列相應許可權可以存在於中心化服務或中心化資料庫之外。這就大幅增強了資料資產交易、流轉的效率，且流轉過程完全不需要協力廠商參與。

在收藏領域，NFT帶來的數位稀缺性非常適合收藏品或資產，其價值取決於供應有限。一些最早的NFT案例包括Crypto Kitties和Crypto Punks。其中，像Covid Alien這樣的單個Crypto Punk NFT售價就為1175萬美元。2021年，流行品牌例如NBA Top Shot還在創建基於NFT的收藏品，這些NFT包含來自NBA比賽的影片精彩瞬間，而不是靜態圖像。

在藝術品領域，NFT 使藝術家能夠以其自然的形式出售他們的作品，而不必印刷和出售藝術品。此外，與實體藝術不同，藝術家可以透過二次銷售或拍賣獲得收入，從而確保他們的原創作品在後續交易中得到認可。致力於基於藝術的 NFT 市場，例如 Nifty Gateway 7，在 2021 年 3 月銷售/拍賣了超過 1 億美元的數位藝術。NFT 也為藝術家、內容創作者等的權益提供了強而有力的保護機制，在傳統的數位作品發佈中，作品往往容易被非法複製和傳播，而 NFT 透過獨特性和去中心化的儲存方式解決了這一難題 —— 每個 NFT 都是唯一的，且在區塊鏈上有獨一無二的記錄。這種不可複製的特性使得創作者能夠清晰地證明作品的所有權，避免了盜版和侵權的問題。透過 NFT，創作者就能夠在區塊鏈上記錄和證明他們作品的所有權，這一去中心化的所有權記錄機制極大地減少了侵權和盜版的可能性。

在遊戲領域，由於 NFT 引入的所有權機會，NFT 也為遊戲提供了重要的機會。雖然人們在數位遊戲資產上花費了數十億美元，例如在堡壘之夜中購買皮膚或服裝，但消費者不一定擁有這些資產。NFT 將允許玩家於加密的遊戲的玩家擁有資產，在遊戲中賺取資產，將它們移植到遊戲之外，並在其他地方（例如開放市場）出售資產。

在以太坊的虛擬世界 Cryptovoxels 中，持有某個地塊的 NFT 便擁有權利，可以對這個地塊的限定空間內進行開發、改造、佈置和出租。系統並沒有把使用者的許可權資訊記錄在伺服器中，而是記錄著相應的 NFT 的許可權資訊。Cryptovoxels 中的地塊 NFT 可以看作是一種高級形態的地契，它的流轉執行並不需要中間登記機構，擁有權和改造許可權透過鏈上通證進行轉移，擁有該 NFT 的用戶直接可以獲得相應許可權。

對於 Web3.0 來說，作為數位資產的一種形式，NFT 透過智慧合約實現了程式化的交易和合作，這也為去中心化經濟的發展注入了新的活力。

傳統經濟模式中，中心化機構通常擔任調解和監管的角色，但在 NFT 的去中心化經濟中，智慧合約的自動執行使得合作和交易能夠在沒有仲介的情況下進行。這降低了對中心化機構的依賴，使參與者能夠更自主地參與和決策，從而創造了更加開放和民主的經濟環境。

與此同時，NFT 的交易方式還為數位資產提供了更流暢、透明、無障礙的轉移方式。透過智慧合約，NFT 的交易過程被置於去中心化網路上，避免了傳統金融體系中的繁瑣程式和仲介環節。這種直接的點對點交易方式使得數位資產的流動更加高效，促進了數位經濟的繁榮。

不僅如此，NFT 的出現還將改變虛擬創作的商業模式，虛擬商品從服務變成交易實體。在傳統模式下，像遊戲裝備和遊戲皮膚，其本質是一種服務而非資產，他們既不限量，生產成本也趨於零。營運者通常將遊戲物品作為服務內容銷售給使用者而非資產，創作平台也是如此，使用者使用他人的作品時需要支付指定的費用。NFT 的存在改變了傳統虛擬商品交易模式，使用者創作者可以直接透過生產虛擬商品，交易虛擬商品，就如同在現實世界的生產一般。NFT 可以脫離遊戲平台，使用者之間也可以自由交易相關 NFT 資產。

對於 Web3.0 來說，NFT 是去中心化經濟的必然，NFT 透過智慧合約實現了更具自治性的合作和交易，為數位資產提供了更高效的流通方式，同時也為創作者和參與者創造了更加公平和開放的經濟生態。這種新型經濟模式有望在未來繼續推動數位經濟的創新和發展。

2.4 DAO，Web3.0 的組織形式

Web3.0 不僅需要新的構建技術、合約方式、權益載體，還需要新的組織形式，這種屬於 Web3.0 時代的新的組織形式就是 DAO（Decentralized Autonomous Organization，去中心化自治組織）。

值得一提的是，DAO 也是一種基於區塊鏈核心思想理念 —— 由達成同一共識的群體自發產生的共創、共建、共治、共用的協同行為 —— 而衍生出的一種組織形態。它的權力不再是中心化而是去中心化，管理不再是科層制而是社群自治，組織運行不再需要公司而是由高度自治的社群所替代。

DAO 使一群來自世界各地、互相不瞭解的人能夠在一定的規則之下，一起做出決策並共用決策之後的成果，這也正是 Web3.0 所期待的。

2.4.1 DAO 的緣起

網際網路自誕生以來，就一直在尋求一個問題的答案：究竟如何在一個不可信任的環境中實現價值的自由交換？區塊鏈無疑給這個問題提供了最優解。那麼，除此之外，還有沒有一種可能讓思維理念相同的小夥伴們聚合在一起，安全、高效的工作或者完成事務？於是，就有了 DAO 這個概念。

2006 年，科幻作家 Daniel Suarez 出版了一本名叫《Daemon》的書，可以被看成關於 DAO 的原始文本。

在《Daemon》中，電腦應用程式 Daemon 基於分散式特性秘密接管了數百家公司，並構建了新的世界秩序，Daemon 的基本運作方式與今天的 DAO 非常相似：支付賞金，在整個社群分享資訊，以及管理貨幣。

雖然功能類似，但 Daemon 並沒有直接創造出「DAO」這個名字。DAO 真正誕生還要追溯到 2013 年，這一年，Invictus Innovations 的 CEO Daniel Larimer 首次提出「DAC」（Decentralized Autonomous Corporation）這一概念，認為 DAC 是為社會提供有用商品和服務的分散系統的有效隱喻，將在新聞聚合、AdWords、功能變數名稱、專利、版權和下一代智慧財產權、保險、法院、託管和仲裁、授權匿名投票、預測市場及下一代搜尋引擎等多方面發揮高效作用。DAC 的核心是：有自己的區塊鏈來交換 DAC 的股份，必須不能依賴於「任何個體、公司或組織來擁有價值」、「不能擁有私密金鑰」、「不能依賴任何法律合約」。隨後，Vitalik Buterin 提出 DAO，將 DAO 與 DAC 區分，認為 DAC 只是 DAO 的其中一個子類，並且由於 DAC 引入了股份概念，是一個營利性實體，而他強調 DAO 應當是非盈利實體，即便它可以透過參與其生態系統獲取盈利。

2014 年，Vitalik 發表「DAOs、DACs、DAs and More: An Incomplete Terminology Guide」一文，進一步詳細介紹了基於區塊鏈的組織治理潛力。

2016年，世界上第一個也是最著名的DAO——「The DAO」，在以太坊區塊鏈上誕生了。The DAO從一開始就抱著最好的願景：希望成為以太坊社群中的風險基金，透過去中心化的方式管理，成員眾籌資金到The DAO，並透過代幣共同對投資投票表決。

這一理念的確誘人。The DAO很快籌集到了1270萬ETH，相當於當時的1.5億美元，有11,000多人參與了The DAO的募集，這些人都可以看作是The DAO的LP（Limited Partner，有限合夥人，即基金出資人），這個資金量級即使和傳統投資相比，也相當可觀，作為對比，The DAO成立的同一年，著名基金Union Square Ventures宣佈完成了新一期1.66億美元的募資，並沒有超出The DAO多少。

然而，The DAO並未如預期那樣順利發展，反而很快經歷重大波折。同年6月，The DAO受到其智慧合約代碼中技術缺陷的困擾，該缺陷使駭客竊取了價值超過5000萬美元的ETH。這一事件導致了有爭議的以太坊區塊鏈硬分叉，形成了兩條獨立的鏈，即以太坊和以太坊古典。

儘管The DAO面臨問題，但DAO的概念並沒有就此止步。特別是2019年1月創建的MolochDAO的倡議，就是DAO重生的催化劑。MolochDAO的核心創新是引入了創建ERC-20作為DAO智慧合約的技術標準，這激發了一系列新的DAO作為它的直接分支的創建。今天，有成千上萬個DAO在各種區塊鏈網路上運行，包括以太坊、EOS和Tezos。DAO被用於各種行業，從去中心化金融（DeFi）到供應鏈管理和社群媒體平台。而DAO的概念仍在發展，我們很可能會在未來幾年看到該領域的持續創新和增長。

2.4.2 DAO 的概念拆解

瞭解了 DAO 的發展史，但我們似乎還沒有回答一個問題 —— 究竟什麼是 DAO？DAO，全稱 Decentralized Autonomous Organization，即去中心化自治組織。維基百科對 DAO 的定義是，一個由公開透明的電腦代碼來作為代表的組織，其受控於股東，並不受中心化管理者的影響。這種分散式自治組織的金融交易記錄和程式規則保存在區塊鏈中。

從概念上講，去中心化自治組織並不是一個全新的概念。但是透過區塊鏈技術的智慧合約來實現組織的運作，這是 DAO 與以往去中心化組織最主要的差別。DAO 這種組織，其治理規則透過程式碼寫在區塊鏈上，組織的一切治理、營運和交易都以智慧合約的形式來進行運作。

如果我們進一步拆解概念，這裡面有兩個關鍵字，那就是去中心化和自治。

先來看看去中心化，在 DAO 的概念中，去中心化是一種組織或系統的設計理念，其核心思想是擺脫對單一中心權威機構的依賴，轉而透過分佈在網路中的節點共同協作來實現運作。

對於傳統的中心化組織來說，權力和控制通常集中在一個中心點或極少數權威機構手中，這可能導致一系列問題，包括單點故障、不透明的決策過程以及對中心權威的單一依賴。而在去中心化的設計中，權力和控制被分散到網路中的多個節點，使得整個系統更具彈性、透明度和抗攻擊性。這樣的設計有助於防範單一點的故障，提高

系統的穩健性。同時，去中心化也降低了對中心權威的信任，讓決策更具開放性和公正性。

在 DAO 中，這種去中心化的理念就得到了實踐。DAO 的治理規則和運作方式透過智慧合約編碼在區塊鏈上，而不是由單一實體掌控。成員參與 DAO 具有平等的決策權，可以透過投票等方式參與組織的決策過程。這確保了組織的公正性和開放性，任何人都有機會影響組織的方向。

再來看看自治，自治其實就是指組織內部的決策和規則執行由組織成員自主進行，不受外部干預的性質。

在傳統組織中，決策通常由中央管理層或領導者制定，並透過各級層級傳達和執行。這種集中式的管理結構可能導致決策效率低下、剛性不適應變化等問題。而在自治組織中，智慧合約中設定的規則將自動執行，無需協力廠商介入，從而實現組織內部決策的自主性。

在 DAO 中，自治的體現主要就是在智慧合約執行的程式化規則上。DAO 的成員透過投票來決定組織的方向、管理資產等事務，這些決策會自動轉化為智慧合約的執行。智慧合約的自動執行性質確保了決策的準確執行，減少了人為錯誤和潛在的腐敗風險。這種自治性質為組織成員提供了更多的自主權，使得決策更加公開、透明和民主。自主權的提升意謂著組織成員在組織事務中具有更大的話語權和參與度。成員透過參與投票，直接影響組織的營運和決策方向，而這些決策將被智慧合約程式化執行，不受個體或特定權力中心的左右。這種自治性質為組織賦予了更大的靈活性和適應性，能夠更好地適應變化的環境和需求。

和傳統組織相比較，DAO 至少具有了四個方面的優勢：

第一，DAO 實現了勞動者的共治共用，DAO 沒有領導者和管理人員，大家權力平等。每位成員都可以投票或用其他方式，參與、影響組織決策。在一個「代碼即法律」的組織裡，將不會出現少數股東，或極個別人控制整個組織的情況。

第二，DAO 作為任務驅動型組織，其核心就在於任務創造價值，而價值又帶來盈利，DAO 參與者選擇哪些項目工作，對事情如何完成有發言權，並在任務完成後得到經濟獎勵。因此，DAO 的參與者往往是熱情的。DAO 是自治的，在 DAO 工作的人不是雇員而是貢獻者。成員們在其中能夠找到成就感、參與感和意義。

第三，DAO 透過允許組織中的成員對他們所關心的問題進行投票來改變某一決策，它不會忽略或排除成員的意見，並將確保所有選票都以一定的透明度計算和顯示。成員的決策權和成員持有的代幣量成正比。

第四，透明公開，高效自動化。基於區塊鏈技術建立，受智慧合約的約束，組織中的一切都被記錄在鏈上，所有人都可以看到。從而在根本上避免了，傳統公司貪污受賄的腐敗行為。此外，治理規則一旦建立，DAO 的運行就不再需要管理。每個人按照自己分工完成工作，多勞多得，獎勵由智慧合約自動發放，省去了傳統公司財務申報、工作情況認定等一系列人工程式。

可以說，DAO 的出現迎合了「天下苦壟斷久矣」的需要，有望解決 Web2.0 階段的痛點，真正做到把權力交還給用戶、員工，這也正是 Web3.0 所強調和期待實現的未來。

事實上，去中心化就是 Web3.0 的核心原則之一。傳統的中心化模式在 Web2.0 時代取得了成功，但也伴隨著資訊壟斷、權力集中、資料濫用等問題。而 Web3.0 則提倡透過去中心化技術，如區塊鏈和智慧合約，將權力分散到網路的多個節點上，減少對單一實體的依賴。在這一背景下，DAO 的去中心化特性可以說是與 Web3.0 的理念高度契合的，它們都強調透過分散式網路協同合作，消除單點故障，提高系統的安全性和抗攻擊性。

並且，在 Web3.0 時代，隨著數位化技術的進步，人們對於資訊的獲取、創造和分享方式還將發生深刻變革。Web3.0 注重使用者對於自己資料的掌控權和隱私保護，提倡開放的協作和創新模式。而 DAO 的去中心化和自治性質使得組織更具靈活性、透明度和自我調整性，有助於構建更加開放、公正、可信的數位社會。

2.4.3 DAO 的類型

當然，就像目前不同類型的組織一樣，作為去中心化自治組織，DAO 也有許多類型。

宏觀來看，大部分 DAO 要麼是技術導向型要麼是社交導向型。技術導向型的 DAO 傾向於專注加密領域的構建，還傾向於在鏈上執行更多操作。社交導向型的 DAO 則更多是為了將一群人聚集在一起，並為他們尋找新的互動和聚集方式。在這類 DAO 中，「治理」過程並不需要上鏈，或者並不需要治理。

不過，在不同類型的 DAO 之間沒有明顯的界限，正如「去中心化-自治」是個範圍，DAO 的類型也經常介於技術導向和社交導向之間。而在「技術導向-社交導向」譜系範圍內，存在著許多值得被單獨抽出來看的細分類目。

協議 DAO：協定 DAO 是用於幫助構建協定的協作實體。MakerDAO 是個典型的協議 DAO，MakerDAO 的構建和管理並不是由一個中心化團隊完成的，一系列相關的 DAO 取代了這樣的工作。經過多年營運，MakerDAO 已構建出一個由 15 個核心單元組成的複雜結構。每個單元都有對應的任務和預算，由一個或多個協調人管理，對組織的貢獻者進行協調和獎勵，最終實現 MakerDAO 的長期目標。此外，MakerDAO 的每個部門又都是一個獨立的結構，由自己的條款管轄，但仍然對 Maker 的持有者們進行回應。Sushi、Uniswap 和 Compound 也可以被視為協議 DAO，儘管每個都根據自己的結構運行。

社交 DAO：Friends with Benefits（FWB）是一個典型的社交 DAO，基本路線雖然還是「物以類聚，人以群分」的線上社群，但是社群機制協調是透過代幣完成。比如 Friends With Benefits 發行代幣 FWB。要加入 Friends With Benefits，用戶必須提交申請，並發送 75 個

Friends With Benefits 的代幣──FWB 代幣。這個代幣可以理解為貢獻力,也可以理解為誠意金(或者說是會員費)。申請得到現有會員們透過後,用戶便成為了該 DAO 的會員,可以進入一個遍佈開發人員、藝術家和創作者活動的社群。這種透過代幣進行協調管理的機制有助於其成員創建一個有價值的社群。隨著越來越多的人加入 FWB 社群,代幣也在同步升值,入會的會員費也在水漲船高。除此之外,由撰稿人 Jess Sloss 創立的 Seed Club,以及 CabinDAO、Bright Moments 等都是社交 DAO。

創作者 DAO:創作者 DAO 以「創作者個人」為中心,就像一些粉絲俱樂部為影響者力最大的支持者提供消費和互動的機會一樣,創作者 DAO 也有能力這樣做。創作者 DAO 目前出現得並不多,但我們已經看到很多創作者藉助 Roll 等產品上的社交代幣來實現這部分需求,這為真正的創作者 DAO 的發展奠定了基礎,接下來創作者 DAO 一定會越來越多。

投資者 DAO:如果社交 DAO 主要是關於社群,那麼投資 DAO 則主要關於回報。但和傳統 VC 不同,投資 DAO 的決策絕對事實上的民主,由出資人們(LP)透過投票的方式決定是否進行某項投資。通常,不同的投資 DAO 會有不同的側重點。例如,有的可能專精於購買 ENS 名稱,還有的可能專注於區塊鏈遊戲,加密領域的初創公司也是部分投資 DAO 的關注點。由 Aaron Wright 創立的 LAO 是這一領域的代表,LAO 作為母公司先後又分拆出了其他一系列投資 DAO,包括 Flamingo 和 Neptune。MetaCartel 是另一個值得關注的投資 DAO。

收藏家 DAO：儘管和投資者 DAO 在「收益驅動」這點上類似，但收藏家 DAO 的定位略有不同，它們透過某個特定資產或藏品將貢獻者組織在一起，由決定集體購買藝術品或其他數位資產的人組成。NFT 是一種較為常見的選擇。和投資相比，雖然 NFT 的累積本身也有可能產生極其可觀的財務回報，但這些 DAO 通常無意於出售他們已有的藏品，至少在中短期內是這樣。相較於其他類型的收藏，DAO 對於 NFT 的參與除了追求投資收益外，也帶有對藝術的喜愛。除了收藏，收藏家 DAO 在有些時候也會充當某些 NFT 項目策劃者的角色，它們的加入往往會為專案帶來機構端的背書和支持。

比較典型的收藏家 DAO 有 SquiggleDAO、PleasrDAO 和 NounsDAO 等，雖然同為收藏家 DAO，他們各自的功能和組織方式不盡相同。

比如，PleasrDAO 就是一個由早期 NFT 收藏家和數位藝術家組成的團隊發起的 DAO，初衷是為了籌集資金購買 NFT 藝術品。它的成名作是以 310 枚 ETH 的價格購買了由藝術家 Pplpeasr 製作 Uniswap V3 動畫廣告 NFT，最終迅速發展到──不僅僅是為了藝術家 Pplpleasr 而存在，而是為收藏更有意思更有價值的 NFT 藝術品而存在。PleasrDAO 帶來的進步是對 NFTs 進行碎片化 collect 的獨特機制，這一機制的妙處在於某個天價藝術品可能會變成集體所有。這打開了 NFT 藝術品收藏與管理向上發展的新空間。

在這樣的發展趨勢下，或許很快，傳統的複式記帳法就會變成了分散式總帳技術。這個帳不只是財務上的帳本，而是所有可計量的工作量。接著，傳統的保護私有甚至公共財產的法律變成了智慧合約。各類有形無形的資產，其所有權及關於所有權的轉移、交換等各種活動都被明明白白的安排在智慧合約上。最後，公司、社團以及我們現在熟悉的組織，漸漸變成了去中心化自治組織——DAO。

說到底，DAO 的底層哲學其實就是「眾智」。中國春秋戰國時期的哲學家文子講：「積力之所舉，則無不勝也；眾智之所為，則無不成也。千人之眾無絕糧，萬人之群無廢功。」他在自己的《文子》一書中多次強調集體力量的重要性：「得眾人之力者即無不勝也，用眾人之力者烏獲不足恃也。」意思就是，眾人的力量和智慧集結起來是無往不勝的。東西方的思想遙相呼應，亞里斯多德也認為：比起求索某一位專家，綜合多人的智慧，可以得出更好的結論。

因此，我們不必太在意 DAO 這個名詞，DAO 這個名詞更多的是我們對於 Web3.0 這種去中心化，這種在數位主權理念下對於平等、自由的一些設想的代號，而 DAO 的這種代號能存續多久，或者在什麼時候會被另外一種新的名詞所取代，至少在當下，我無法給出準確的預測。但可以預見的是，DAO 這個名詞，以及其所代表的內涵，在真正的 Web3.0 時代，將會以新的方式出現與存在。

從眾智、眾建，再到眾享，Web3.0 的未來也逐漸展開。

Note

3
CHAPTER

Web3.0 的行業應用

3.1 Web3.0 在社交

社交，人類最原始的需求之一。作為人與人形成連接的一種方式，社交也帶動了資訊、資源、商品等的流通，社交的重要性及普適性不言而喻。因其巨高的天花板和巨大的價值，一直以來，社交產品在資本市場都擁有超大的想像力，各大鏈生態也爭相佈局或擁抱社交。

在 Web2.0 平台頻頻發生資料洩露、隱私風波、演算法偏見的當下，Web3.0 社交成為了社會以及資本市場的新的關切。

3.1.1 社交形式之嬗變

不管是過去、現在還是未來，社交都是人類的重要需求之一。事實上，人類也一直在不同的形式中進行社交和資訊傳播。從古代的書信、咖啡館到現代的社交網路，社群媒體的本質並未改變，只是其形式和技術工具不斷演進。

在古代，書信、郵政等方式是主要的社交媒介。隨著印刷術的發明，書籍和報紙成為了資訊傳播的主要工具，但社交範圍受到了地域和通信速度的限制。

19 世紀末至 20 世紀初，電報的出現縮短了資訊傳播的時間，電話的普及改變了遠距離溝通的方式，人們可以更加迅速地交流資訊。20 世紀的廣播和電視媒體改變了大眾傳播的方式，使得資訊可以更廣泛地傳播，塑造了文化、政治和社會觀念。

20 世紀 90 年代至 2000 年代初，網際網路的出現使得資訊傳播更加廣泛和即時化。Web1.0 時代主要由靜態網頁組成，內容主要為官方向使用者的單向傳遞，使用者無法主動參與內容創作，社交性較低。

2000 年代中期至今，隨著 Web2.0 的興起，則出現了更加互動和用戶參與的社群媒體平台。Facebook 是 Web2.0 社交的先驅，它提供了使用者分享資訊、照片、影片、狀態更新等功能，並讓使用者能夠構建社交網路。隨後，X、YouTube、LinkedIn 等多種社群平台相繼出現。在中國，則有微博、微信、抖音、小紅書等社群平台。這些平台提供了更多的使用者生成內容和社交功能，成為人們日常交流、分享和互動的主要工具。

每個平台有著不同的特色和功能，比如 X 和微博以其獨特的即時消息傳播和社交互動方式，成為了資訊傳播和討論的重要平台。YouTube 和抖音作為影片分享平台，改變了人們觀看和分享影片的方式，成為了廣受歡迎的內容創作和分享平台；LinkedIn 專注於職業社交，提供了一個專業網路，讓使用者能夠建立職業關係、分享工作經驗和拓展人脈；Instagram 以其強大的圖像分享功能和社交互動性，吸引了大量用戶，成為了照片和影片分享的主要平台之一。

在 Web2.0 的階段中，強調用戶參與、互動和內容生成，網站從靜態的資訊展示轉變為更加動態和互動的社群平台，使使用者能夠創造和分享內容。隨著行動網際網路的發展和智慧手機的普及，人們可以隨時隨地訪問社群媒體平台，推動了社交活動的便捷化和頻繁化。與此同時，使用者規模的增加，也讓社群媒體逐漸成為了商業活動和

廣告推廣的主要平台，企業和品牌利用社群媒體吸引使用者和促銷產品，社交專案的市值也一路攀登。

然而，在 Web2.0 社交一片繁榮的背後，一些危機也悄然滋生。Web2.0 社群平台的問題，其實就是 Web2.0 階段網際網路的核心問題，歸納起來就是兩點，一是資料所有權問題，而是中心化問題。

從資料所有權來看，在 Web2.0 的社交產品中，使用者的資料並不屬於自己，而是屬於平台，這就導致了多方面的隱患。

隱私洩露是最突出的問題之一。大量使用者資料被平台廣泛收集和使用，給個人隱私帶來了極大的風險。平台可能濫用使用者資料，甚至將其出售給協力廠商，從而引發隱私洩露和資料濫用問題。使用者在社群平台上分享的個人資訊可能變成了商品，被不透明地交易和利用，構成了潛在的隱私威脅。

此外，使用者資料的所有權問題也導致了價值沒有回饋給用戶的困境。社群平台透過使用者資料進行精準的廣告行銷等活動，但用戶卻往往無法從這些收入中受益。使用者的資料提供成為了平台白嫖的物件，而使用者卻未能分享到相應的價值。這種資料價值的不對等關係成為了 Web2.0 時代的一大癥結。

不僅如此，Web2.0 社交還造成了無法跨平台的資料孤島現象。由於使用者的資料被平台所有，因此在不同的社群媒體上註冊時，使用者需要從零開始建立個人資訊，而自己的社交名片等資訊無法在多種社群平台中流通，使得每一個社群平台都成為了一個孤島。這限制了用戶在網際網路上的流動性和交互性，阻礙了資訊和社交網路的自由流通。

於是，在 Web2.0 社交環境下，創作者雖然創造了大部分的價值卻往往難以獲得應有的報酬。社群媒體平台上雖然可以打造個人 IP，但對於創造的內容和資料卻沒有足夠的所有權和控制權。一旦平台刪除個人資料，創作者將失去所有的內容資料積累。

從中心化角度來看，在 Web2.0 社群平台中，用戶常常面臨著平台對於內容的無限使用權利，以及抗審查能力的弱點，這一現象在中心化的平台架構下變得尤為突出，給用戶的言論自由和表達權利帶來了一系列問題。

首先，對於使用者生成的內容，Web2.0 社群平台通常在使用者協定中規定了對內容的無限使用權。這意謂著使用者在平台上產生的文本、圖片、影片等各種形式的內容，被平台所擁有，並且平台有權在未經使用者許可的情況下進行使用、修改、傳播甚至銷售。使用者在創造內容的過程中，往往無法保障自己的智慧財產權和創作成果，面臨著內容被無限制運用的風險。

其次，Web2.0 社群平台的抗審查能力相對較弱。由於使用者生成的資訊儲存在中心化的伺服器上，這使得政治、文化等因素對言論自由產生深刻影響。在一些國家，社群媒體應用可能會受到政府審查，導致言論受限。這種中心化結構下的平台在內容監管上存在侷限，言論被限制的情況時有發生，使用者的自由表達權受到剝奪。

X、微博規則的朝令夕改、封號等行為在中心化平台上更為普遍。Facebook、抖音、微信等中心化平台的營運規則也可能會隨時變動，用戶在這樣的環境中會感受到種種限制和約束，甚至形成一種在中心化平台下的「跳舞在鐐銬下」的局面。

儘管 Web2.0 階段也出現了一些去中心化的嘗試，但依然存在一些無法避免的問題。在這些應用中，雖然整體上實現了一定程度的去中心化，但在特定伺服器中，用戶仍然可能受到伺服器提供者專制、拋棄和禁止的風險。這種侷限性導致用戶在去中心化平台上仍然可能受到某些程度的集中式控制，無法完全擺脫中心化的限制。

在這樣的背景下，Web3.0 社交誕生了 —— 透過區塊鏈技術和去中心化的設計，人們期待 Web3.0 能夠為用戶提供更為自由和安全的數位社交環境。

3.1.2 Web3.0 社交的價值

和 Web2.0 社交相較，Web3.0 社交的優勢明顯。

首先，是價值和權力再分配。Web3.0 社交能夠讓 Web2.0 社交中被忽略或被平台獲取的價值被發掘，並有望透過 Web3.0 的方式得到更加公平的釋放和分配。

這包括兩個方面，一方面是用戶主權，Web3.0 社交賦予了用戶主權，將所有權重新歸還給個體用戶。透過採用資料上鏈、節點去中心化等技術手段，Web3.0 社交保障了使用者對於自身資料的主權，涵蓋了消費、偏好、隱私、數位資產和身分等方面。這樣的設計讓用戶能夠更加自主地管理和掌控自己的資訊，不再受制於中心化平台的掌控，從而提高了個體在數位社交空間的權力。

另一方面則是重塑創作者經濟。在這個新型社交體系中，內容創作者成為了「真正的掌控者」。比如，創作者可以根據其作品的點擊量、轉發次數等可量化指標獲取平台 Token 並實現變現。同時，

Web3.0 社交還為創作者提供了多樣化的增收管道。創作者透過鑄造內容 NFT，不僅能夠實現內容的版權保護，還能夠在次級市場上獲得更多的收益，為創作者提供了更為可持續的收入來源。

可以說，Web3.0 社交透過價值與權力的重新分配，打造更公平、去中心化的社交體驗。強調用戶主導權，並重新定義創作者經濟，為數位社交帶來全新動能，使整體生態更開放、公平，並為用戶與創作者提供更多機會與激勵。

其次，在與 Web2.0 相比較時，Web3.0 社群平台在治理機制上進行了顯著的變革，實現了部分治理權的下放至社群。這一改變將內容審查和擁有權的決定權從中心化的平台轉移到了社群的手中，賦予用戶更大的參與和決策權。

在 Web3.0 社交中，治理權的下放使得社群成為平台發展和營運的參與者之一。相較於 Web2.0 中由平台擁有的絕對治理權，Web3.0 社交中社群成員能夠參與到內容審查和擁有權的決策過程中。這一變革使得社群成為平台發展的合作夥伴，而非僅僅是平台的用戶。

為了實現治理的去中心化，Web3.0 社交引入了基於 NFT 或 Token 的治理權分配機制。用戶可以透過持有特定的 NFT 或 Token 來獲取治理許可權，從而參與社群的決策。這使得治理的過程更為民主、透明，不再依賴於中心化平台的單一決策者。用戶的持有資產和參與度直接影響了其在社群治理中的話語權，為社群平台的治理引入了更多的公正性和平等性。

第三，在傳統的 Web2.0 社交環境下，用戶在不同平台間的數位身分難以實現互通，這成為了數位身分管理的一大痛點。然而，在

Web3.0 社交場景中，這一問題得到了有力的解決。透過引入去中心化身分聯通的機制，Web3.0 社交旨在打造通用的數位身分，使使用者能夠在更加可組合、更為開放的協定中，跨足豐富多樣的社交場景。

在 Web3.0 社交中，用戶可以透過一個通用的數位身分在不同的平台上進行社交行為，無需在每個平台都重新建立身分。這種去中心化身分的聯通性為用戶提供了更為便捷和一體化的社交體驗。舉例來說，用戶可以使用同一個身分在 CyberConnect、Lens Protocol 等不同的社群平台上參與各種社交活動，而無需為每個平台創建獨立的身分，從而實現了數位身分的通用性。

這種去中心化身分聯通的機制進一步提升了數位社交的可組合性。用戶能夠更加靈活地在不同平台之間切換和共用個人資訊，而不必受制於傳統社交中數位身分的封閉性。這一變革不僅使得數位身分更具開放性，也推動了 Web3.0 社交場景的多樣化和生態的繁榮。

最後，Web3.0 社交的創新還在於其能夠將用戶的行為或產生的結果鑄造成一種新的資產形態，從而賦予這些資產形態更廣泛的交易和權益賦予方式。這為社群平台的用戶帶來了全新的合作方式和價值分配機制，為用戶參與社交行為創造了更為豐富和多元的可能性。

在 Web3.0 社交中，用戶可以透過參與特定的社交行為，如創作內容、參與社群、支持特定項目等，將其行為或結果鑄造成一種具體的資產形態。這些資產形態可以包括 NFT、代幣、數位收益權等，具體形式因平台而異。這為使用者提供了將社交行為轉化為數位資產並進行交易的機會。

以 Mirror 為例，用戶可以透過在該平台上創作和發行內容，將其內容鑄造為 NFT，然後透過交易實現價值的變現。在 Chiliz 平台上，用戶透過持有平台代幣可以參與體育娛樂俱樂部的事務決策，賦予了使用者更多的權益參與方式。Debank Hi 推出了基於付費的聊天模式，使使用者的社交互動變得更具價值。而 Friend. Tech 提供了購買 key 入群的功能，為社群建設提供了全新的合作方式。

這些新的資產形態和合作方式在 Web3.0 社交中豐富了使用者參與社交行為的方式，使得社群平台不再僅僅是資訊傳遞和互動的場所，更成為了使用者創造、擁有和交易數位資產的生態系統。這也為用戶創造更多元、具體化的價值打開了通道，推動了數位社交領域的創新和發展。

3.1.3 Web3.0 的社交嘗試

當前，具備去中心化、抗審查、使用者為中心、數位資產賦權、身分互通性等特點的 Web3.0 社交已經成為了各大項目努力建設、嘗試突破的領域。

從 Web3.0 社交的整個大行業來看，Web3.0 社交產業可以大致分為 4 個部分，應用層、協定層、區塊鏈層和儲存層。

應用層是 Web3.0 社交的最上層，它直接面向用戶，提供各種社交場景和功能。在這一層，社交應用根據特定的需求和場景進一步細分，例如社群媒體、社交遊戲、社群平台等。應用層的產品和服務直接與使用者互動，是用戶參與 Web3.0 社交的入口。

協議層為 Web3.0 社交提供了公共的開發元件和基礎協定，以便團隊構建產品。這些協議包括身分驗證、支付、通信等方面的標準化元件，有助於降低開發門檻，提高開發效率。協議層的發展為社交應用提供了更多的共用資源，推動了整個 Web3.0 社交領域的創新。

區塊鏈層是 Web3.0 社交的基礎，透過區塊鏈技術實現去中心化、透明、安全的資料交換。社交專有鏈在這一層發揮關鍵作用，為社交應用提供了定製化的區塊鏈，以更好地滿足社交應用對於高速交易處理、儲存和索引等功能的需求。區塊鏈層的穩健性直接關係到整個 Web3.0 社交系統的可靠性和安全性。

儲存層專注於儲存社交相關的資料，其中包括使用者生成的內容、交互歷史等。這些資料可能以去中心化的方式儲存在區塊鏈上，也可能採用其他去中心化儲存的方案。儲存層的發展使得社交資料更加安全、可靠，並且用戶更容易獲取和掌控自己的資料。

Web3.0 社交應用就在這四個層次上相互連接，形成了一個互動複雜而又協同有序的生態系統。應用層透過協議層獲得共用的開發資源，區塊鏈層提供底層基礎支援，儲存層保障資料的安全儲存。這種層次分明的結構使得 Web3.0 社交能夠更好地適應多樣化的社交場景和用戶需求，推動整個社交產業的不斷創新。

值得一提的是，目前，整個 Web3.0 社交領域仍處於價值驗證階段，並因應不同需求衍生出多種 Web3.0 社交專案。比如，強調資料回饋用戶的 Web3.0 社群平台、具備抗審查特性的社交應用，以及 Web3.0 驅動的原生社交場景等。

基於資料價值的 Web3.0 社交

在傳統的社交產品中，使用者的資料被視為平台資產而非用戶自身財產。這種情況下，社群平台可以利用使用者提供的資料，實施精準的廣告定向和個性化行銷。然而，遺憾的是，這些資料的價值並沒有得到合理的回饋和回報，使用者很難從自己資料的價值中獲得利益。實際上，使用者的資料貢獻被視作一種無償供給，由平台自由使用，從而導致了資料被「白嫖」的情況。

在這個模式下，無論是創作者創造的內容價值還是使用者提供的個人資料，最終所創造的收益大部分被社群平台壟斷。這種集中式控制導致了使用者和創作者在資料價值分享方面所能獲取的收益微乎其微。而新型的 Web3.0 社交產品卻試圖顛覆這種模式，透過代幣激勵、資料 NFT 化等不同的方式來解決這一困境。代表性的 Web3.0 社交產品有 Lens Protocol、friend.tech、Bodhi 等。

Lens Protocol 是一個去中心化的社交圖譜協議，由 Defi 借貸專案 Aave 的團隊在 2022 年 2 月 8 日創立，在 Polygon 鏈上。其最大的特點在於所有使用者擁有的社交圖譜資料，包括個人資料、內容的發佈分享與評論和社交關係都會以 NFT 的方式儲存。

Lens Protocol 協議有 3 個最大的特點：一是資料價值可以交易，在傳統的社交軟體中，使用者發的內容、社交關係往往是很有價值的，卻沒能得到合理的激勵。例如 X、微博上的很多 KOL 並不能從優質內容本身活動收益，只能從接廣告帶貨等方式來謀生。而 Lens 透過將使用者資料 NFT 化的方式，所有的帳號變成一個 NFT，可以自由的在市

3-11

場上交易。不過由於現實世界中大部分人會和社交帳號實施強綁定，很少進行交易，所以對於使用者交易帳號的需求價值，需要打一個問號。二是切入協議層，為社交開發社交 Dapp 的開發者提供模組化元件，供開發者自由組合並構建全新的社交產品。使用者的個人資料和所有內容資料作為 NFT，進行 DID 的控制。使用者登入 Lens 協議上的某一個應用時，就可以將所有應用的資料都同步在裡面，從而實現了資料的流通。例如 Lens 版 twitter、Lens 版 YouTube 都可以透過一個 NFT 來實現資料的互通。三是去中心化程度高，Lens 協定中的內容、社交和身分都上鏈。目前，基於 Lens 協議，也誕生了很多有趣的產品，例如 Lenster 和 Phaver。其中 Lenster 在功能和互動體驗上和 X 差不多，可以近似的理解為去中心化版的 X。

friend.tech 專案本質上將是個人的影響力代幣化，來實現粉絲經濟。從粉絲的角度來說，一方面，KOL 的粉絲可以在 friend.tech 上購買 KOL 的 key，從而可以加入 KOL 的私聊小群，和關注的 KOL 進行聊天；另一方面，當買該 KOL 代幣的人變多之後，key 的價值也會增加，粉絲也可以將其賣出來獲得收益；從 KOL 的角度來說，粉絲每次交易時會收 10% 的手續費，其中一半手續費會歸 KOL 所有，因此 KOL 擴大影響力之後也有了金錢的激勵，希望更多人來買自己的 token 從而獲取更多的手續費。簡單來說，friend.tech 實現了 KOL 的影響力價值變現，KOL 越有聲譽，來購買其份額的用戶越多，其身價越高，購買價格就越高，賣出價格也會變高。

Bodhi 的本質則是內容資產化，和 friend.tech 的 KOL 聲譽資產化有相似之處。差異點在於 friend.tech 是將整個創作者的聲譽資產化，每

次購買是對整個創作者的 key 進行交易。而 Bodhi 是將創作者的單獨的一個內容進行交易，從而讓交易的量級擴大，交易的標的更聚焦化。並且 Bodhi 的內容都儲存在 Arweave 上，實現去中心化儲存。

可以看到，在資料價值回饋使用者的領域，無論是協議層的 Lens Protocol，還是應用類的 friend.tech 和 Bodhi，都在從不同的角度來嘗試解決這一需求。

Lens Protocol 採用 NFT 化使用者社交圖譜資料的方式，允許個人資料和內容資料作為 NFT 進行 DID 控制，並在市場上自由交易，為高價值帳號創造交易機會。同時，Lens 的模組化元件為社交 Dapp 開發者提供了資料流程通性，實現使用者資料在不同應用間的同步和流通。而 friend.tech 則將 KOL 的聲譽代幣化，允許粉絲透過購買 KOL 的「key」加入私聊小群，並獲得 KOL 帶來的影響力和金錢激勵。這些項目透過價值貨幣化機制，讓用戶和創作者能更公平地分享其資料和內容的價值。這種新型社交產品將使用者資料價值回歸給使用者本身，並透過一些機制實現資料價值的可流通性和交易性。

抗審查的 Web3.0 社交

除了資料價值激勵之外，抗審查也是目前 Web3.0 項目中非常重要的一個發力點。傳統 Web2.0 社群平台通常會受到中心化管理，對內容審查、言論限制等方面有各式各樣的限制。Web3.0 社交則傾向於去中心化，減少了對平台的依賴，降低了審查和封禁風險，提倡更開放的言論自由。其中，最具有代表性的兩個專案就是 Farcaster 和 Nostr。

Farcaster 是一個去中心化的社交協議，供開發者以用戶為中心開發社交應用程式。項目的創始人 Dan 和 Varun 都曾是 Coinbase 的高層，該項目一直得到了 Vitalik 的力挺。

Farcaster 最大的兩個特點就在於去中心化身分和透過鏈上鏈下結合來提高用戶體驗。Farcaster 在將使用者的身分資訊儲存在了鏈上，來保證用戶身分的去中心化。和 Lens 類似，資料是和使用者的身分綁定的，因此用戶在使用 Farcaster 生態中的各個應用的遷移成本很低。除了身分資訊之外，Farcaster 將使用者的發佈內容、使用者之間的互動資料等高頻資料都存在了鏈下的 Farcaster Hub 中，從而實現快速資料傳輸和更好的用戶體驗。

Nostr 是一個匿名團隊開發的開源的去中心化社交協議，最核心希望解決的問題就是抗審查，創始人 Fiatjaf 是比特幣和閃電網路的開發者。

Nostr 採用獨特的服務框架，由用戶端和「中繼器」組成。任何人都可以成為中繼器，中繼器之間保持獨立，只與用戶通信。每個用戶都有公開金鑰和私密金鑰，可以簡單理解為自己的信箱位址和打開信箱的鑰匙。每個人知道別人的位址後，可以發送資訊，獨一無二的私密金鑰簽名確保了發送者的身分，同樣代表「信箱鑰匙」的接收者的私密金鑰，也確保了自己能夠收到消息。

Damus 就是基於 Nostr 協議構建的。Damus 與 X 非常類似，最大的區別在於其是去中心化。Damus 的每個用戶都是一個用戶端，透過無數個中繼器來組成彼此通信的網路。任何人都可以無需許可的運行中繼器，這使得在 X 上可能發生的官方隱藏或審查貼文的情況，在

Damus 上較難實現。用戶可以選擇任意的或者是自己的中繼器來發佈內容，從而最大程度的實現了抗審查性。

在傳統的 Web2.0 社群平台中，中心化管理常導致內容審查和言論限制。X 等平台頻繁封號、審查內容，這令人們越來越關注抗審查性質。在 Web3.0 之前，就有長毛象（Mastodon）這樣的產品希望能打破審查的限制。隨著區塊鏈技術的發展，越來越多的 Web3.0 項目開始希望打造抗審查的 X、Facebook 等社交專案和協議。

無論是 Farcaster 還是 Nostr，都是值得關注的創新嘗試。雖然目前這兩項協議尚未孕育出長期活躍的大型應用，且 Farcaster 的用戶規模與 Web2.0 社群平台相比仍顯不足，但其發文數量與互動頻率已展現出一定的使用者黏著度。

這些專案在抗審查機制上的探索，為 Web3.0 社交帶來了更多可能性，也為未來可能誕生的突破性應用奠定基礎，提供寶貴的經驗與發展契機。

Web3.0 帶來的原生社交場景

除了資料價值回饋使用者、抗審查這兩個核心切入點之外，區塊鏈技術也帶來了一些 Web3.0 的原生社交需求。有一些項目開始著力於細分場景開始切入原生社交需求，比如 DeBox。

DeBox 最核心解決的問題就是「持倉聊天」，在傳統的群聊中，無論是 token 還是 NFT，都比較難避免在群聊中混入其他的人，從而導致可能會出現很詐騙行為或惡意炒作的情況發生。而 DeBox 的群聊功

能可以設置成擁有特定的 NFT 或 Token 且達到一定數額的成員進入社群，從而建立了這種共識。

　　DeBox 早期透過幾套 NFT 進行冷開機，吸引了大量用戶，並以持倉作為共識，來凝聚有相同看法和觀念的社群成員，從而更好地形成自發的社群治理機制，減少資訊噪音。由於內容儲存和邏輯都在鏈下，用戶體驗比較好，比較類似 Web2.0 社交產品的使用體驗。

3.1.4 Web3.0 社交的未竟之路

　　當然，Web3.0 社交想要真正普及，也仍有一段距離，其中，用戶體驗就是當前 Web3.0 社交專案遇到的最大困境之一。

　　一方面，相較於傳統的 Web2.0 社群平台，一些 Web3.0 社交專案採用錢包登入方式，對於習慣了傳統註冊登入方式的 Web2.0 使用者來說可能感到陌生。事實上，Web3.0 社群平台採用的錢包登入方式正是其去中心化理念的一部分，旨在讓用戶擁有對自己身分和資產的更大掌控權。然而，這種方式對於那些熟悉並習慣了傳統帳戶系統的使用者而言可能帶來一些不適，因為他們需要適應新的身分驗證和數位資產管理方式。這種登入方式不僅限制了一般使用者對 Web3.0 社交產品的進入，也對這些項目的發展和普及造成了一定制約。更進一步，區塊鏈和加密貨幣的概念相對複雜，可能需要使用者花費額外的時間和精力來理解和學習。這種認知差距成為 Web3.0 社群平台普及的一個障礙，需要透過更全面的使用者教育和推廣工作來逐步克服。只有當用戶更深入地理解 Web3.0 的優勢並逐漸熟悉相關的操作方式，Web3.0 社群平台才能在用戶中獲得更廣泛的認可。

另一方面，去中心化和效率之間存在天然的矛盾。如果所有行為和資料都需要上鏈，將導致使用者操作和體驗的路徑變得更加繁瑣。不同的社交項目採取了不同的策略，有的選擇將全部內容、社交關係和身分上鏈，有的選擇只將身分上鏈，還有一些專案除了 NFT 或 token 外，其他資料都在鏈下處理。這些專案在使用者體驗和上鏈部分的取捨上進行了探索，以滿足特定社交需求。

全部上鏈可能會帶來成本和速度的問題，因為鏈上交互的成本較高，且區塊鏈的速度相對較慢。而只上鏈一部分資料可能導致使用者質疑是否真正實現了 Web3.0 的理念，因為這可能違背了去中心化的初衷。當前的 Web3.0 專案正處於不斷拆分和重組上鏈部分的探索階段，如何在滿足用戶體驗的同時解決實際用戶需求，還有很長的路要走。

因此，解決用戶體驗問題、平衡去中心化和效率之間的矛盾，是 Web3.0 社交專案需要持續努力的方向。

除了用戶體驗外，Web3.0 社交面臨的另一個障礙就是社交產品的替換成本很高。我們所熟知的社群平台，如 Facebook、Twitter、Instagram 以及微信等，都構建了強大的網路效應和使用者黏性，用戶遷移至其他平台的替換成本極高。這種替換成本主要體現在多個方面，包括時間、努力、學習成本、資料移轉和重新建立社交網路等。一旦用戶在某個平台上建立了穩定的社交關係、上傳了大量資料並適應了該平台的功能和介面，他們更願意保持在當前平台，而不輕易嘗試遷移到其他平台。

此外，在評估新產品的價值時，用戶通常會將其新體驗與當前使用的產品進行比較，然後減去替換成本。由於社交產品的替換成本在

高頻使用產品中佔據顯著地位，社交產品展現出極高的網路效應。使用者對某個現有產品產生了依賴後，替換成本之高使得用戶很難願意轉移到其他產品上。

因此，如果 Web3.0 社交項目只是簡單地模仿 Web2.0 社交產品的模式，再加上一些微弱的去中心化元素，很難吸引使用者進行遷移。尤其是普通使用者對於去中心化儲存的概念瞭解有限，但對於用戶體驗和直接遷移的成本有更為明顯的感知。

而要解決這一挑戰，Web3.0 社交專案需要在創新體驗方面做出更多努力。首先，使用者介面設計必須更加友好直觀，降低用戶學習成本。其次，社交關係建立方式可以更靈活，不僅要提供熟悉的社交功能，還應引入新穎的社交元素，激發使用者興趣。最後，社群媒體內容展示形式需要更具創意，透過引入區塊鏈和智慧合約技術，打造更具透明度和公正性的社群平台治理機制，激勵用戶參與社群建設。透過這些創新，Web3.0 社交項目才能夠在新體驗上超越 Web2.0 社交產品，為使用者提供更具吸引力的社交環境，從而促使更多用戶遷移和參與，推動 Web3.0 社交專案在市場上取得更大的成功。這種努力不僅僅是技術層面的突破，更是對用戶需求和期望的深刻理解，是對社交產品本質的重新思考和創新的巧妙融合。

總的來看，社交是每個人不可或缺的需求，無論年齡上的男女老少、還是場景上的熟人陌生人，都需要社交。在不同的時代，社交方式經歷了多次演變，從電話、簡訊到報紙，再到 Web2.0 時代的社交產品，如 Facebook、Twitter、WeChat 等，每一次演變都在不同程度上提升了資訊的傳遞效率和互通性。

Web2.0 社交產品的出現使得人們能夠更快、更好、更便宜地進行交流和資訊傳播。這些產品在全球範圍內連接了億萬用戶，構建了龐大而活躍的社交網路。然而，Web2.0 社交也帶來了一些問題，包括資料隱私洩露、資訊審查和中心化掌控等。這促使了對社交方式的再思考和對新型社交模式的追求。

Web3.0 的核心理念在於強調抗審查的言論自由和資料價值回歸使用者。Web3.0 注重資料價值的回歸使用者。在 Web2.0 時代，使用者生成的大量資料被社群平台用於廣告定向推送，但用戶並未從中獲得相應的價值回報。而 Web3.0 透過區塊鏈和加密技術，賦予了使用者對自己資料的掌控權，並支援使用者將資料變現，實現了資料價值的真正回歸。抗審查的言論自由則成為 Web3.0 的另一個重要特點。透過區塊鏈技術，Web3.0 社交產品實現了去中心化和資訊的不可篡改，從而提供了更為抗審查的社交環境。使用者可以在不受干擾的情況下表達觀點，不再受到傳統社群平台審查和限制。

雖然目前 Web3.0 產品尚未在規模上超越 Web2.0 產品，但抗審查和資料價值回歸使用者的訴求依然存在於用戶心中，正在悄然積聚力量，等待著某一刻的爆發。

3.2 Web3.0 在遊戲

歷史的經驗表明，遊戲是網際網路發展中最具破圈效應的賽道之一，從 Web1.0 演進至 Web2.0 段，遊戲就取得了顯著的成功。

在當前 Web3.0 的大規模應用探索中，Web3.0 遊戲也同樣被認為是最有潛力創造「出圈」應用的領域之一。這一新興領域為玩家提供了真正的所有權和經濟激勵，為整個遊戲產業帶來了全新的可能性。

3.2.1 什麼是 Web3.0 遊戲？

Web3.0 遊戲是一個總稱，指的是利用區塊鏈技術、加密貨幣和非同質化代幣（NFT）等技術手段，增強用戶體驗並改變傳統遊戲範式的遊戲項目。Web3.0 遊戲的主要目標就是透過去中心化、數位所有權和經濟激勵等特性，賦予玩家更多的權力和控制權，從而在遊戲中創造更真實、透明且有趣的體驗。

從遊戲本身來看，遊戲首先要好玩，好玩就是爽感，最底層的情緒因素，這是動物先天的基因，也是遊戲的第一性。其次，遊戲要具有新奇性，能夠激發人的好奇心和挑戰欲，從中獲得不確定的獎勵和成就感，這也是人類能夠不斷探新的原始動力。

Web2.0 遊戲就遵循了這一思路，既注重遊戲的感官深度，純粹的可玩性和爽感，形式多以開放世界和虛擬環境為主，同時也注重遊戲的感官廣度，突出社交激勵和等級制，以遊戲的資料資產為主導，在遊戲裡贏取獎勵和社交成就感。

而從理論上講，Web3.0 遊戲與 Web2.0 階段的大型多人線上角色扮演遊戲（MMORPG）、解謎遊戲和策略遊戲等其他類型的電子遊戲一樣具有吸引力。

但與 Web2.0 不同的是，Web2.0 階段，遊戲通常是由中心化的遊戲開發商掌控，玩家在遊戲內只是使用虛擬物品，但並不真正擁有。遊戲的所有權歸開發公司，這就使遊戲內物品的所有權和交易受到了限制，玩家在遊戲之外無法實現真正的所有權和價值轉移。

而 Web3.0 採用了區塊鏈技術和智慧合約，為玩家提供了在遊戲內外擁有真正數位資產的機會。Web3.0 的去中心化特性透過區塊鏈技術準確記錄虛擬物品的所有權，將其保存在不可篡改的帳本上。智慧合約的執行則保障了這些數位資產的真實性和可交易性。結合 NFT 技術，Web3.0 使虛擬資產的所有權完全賦予了用戶。每個 NFT 都是獨一無二的，具有獨立的身分和價值，用戶可以在遊戲內外自由交易和轉移這些數位資產。因此，Web3.0 遊戲為玩家帶來了真正的所有權，使得虛擬世界內的物品在現實中具有真實的價值。

事實上，Web3.0 遊戲的核心變革在於用戶對虛擬資產的絕對控制權。這種去中心化的設計不僅改變了遊戲內外的所有權動態，還賦予了玩家更多的自主權。在 Web2.0 模式中，玩家可能投入大量時間和金錢培養遊戲中的角色或收集虛擬物品，但這些努力和投資並不能在遊戲之外轉化為真實的價值。相反，在 Web3.0 中，玩家可以將擁有的 NFT 和數位資產自由地轉移到其他遊戲或平台，甚至在數位市場上進行交易。這種無縫的數位資產流通為玩家創造了全新的遊戲體驗，使得他們在虛擬世界中的努力能夠真正映射到現實中。

此外，Web3.0 遊戲還打破了傳統遊戲公司對遊戲規則的壟斷。透過採用去中心化治理機制，玩家可以參與到遊戲規則的決策和發展中。這種社群治理的方式使遊戲更加民主和開放，吸引了更多的玩家積極參與遊戲的建設和發展。社群治理為玩家提供了直接參與遊戲決策的平台，他們可以提出建議、投票表決，甚至參與項目的發展方向。這種參與度的提升使玩家更加投入遊戲的發展，增強了遊戲社群的凝聚力。同時，社群治理也為遊戲公司提供了更為客觀和多元的意見，有助於更好地滿足玩家的需求，提高遊戲的品質和可玩性。

可以說，Web3.0 並沒有真正改變遊戲的品質。但它所做的一切卻打開了在遊戲中建立新金融系統的能力。這種變革不僅改變了玩家與遊戲之間的關係，也為遊戲產業帶來了全新的商業模式和可能性。

3.2.2 遊戲行業的變革

Web3.0 遊戲和 Web2.0 遊戲最大的不同就在於，在 Web3.0 時代，一款遊戲可以透過將遊戲內的資產進行 NFT 化，為遊戲玩家帶來收益。

首先，NFT 透過資產確權為遊戲資產賦予了實際的價值。透過 NFT 的確權機制，玩家不僅在控制權方面得到保障，還在創作權層面獲得了更多權益。這通用的資料確權制度允許玩家將在遊戲中積累的時間和技能以 NFT 的形式凝聚，從而賦予他們遊戲的創作權、轉讓權和收益權。這種權益的確權使得玩家在遊戲中的努力和投入能夠轉化為實際的數位資產，為他們帶來更大的創作和收益空間。

其次，NFT 資產不僅具有虛擬的使用價值，玩家可以在遊戲中進行打金、投票、鑄造新的 NFT 等操作，同時智慧合約的防作弊特性加強了玩家對遊戲的信心。有些採用治理投票系統的遊戲甚至允許玩家憑藉手中的代幣決定遊戲的發展方向和確保執行。這種治理機制的引入使得遊戲更具民主性和開放性，鼓勵玩家積極參與遊戲的決策過程，推動遊戲社群的共同建設。

最後，NFT 資產具有外在的市場價值，不再侷限於遊戲內部。玩家所獲得的 NFT 資產和遊戲代幣可以在區塊鏈上進行自由流通，具有流動性溢價和社交價值。尤其是對於那些稀有的 NFT 資產，它們更成為了一種財富、一項技能，因此具備了吸引力和社交認可。此外，由於鏈上資料的透明性，開發者可以精準定位持有稀有屬性資產的帳戶，並對其進行精準行銷，從而增加了 NFT 資產的行銷價值。

當前，Web3.0 遊戲領域已經誕生了許多相關的遊戲。比如，AssetClub 是一款基於 Web3.0 的投資模擬遊戲，包含遊戲化投資模擬，去中心化投資者社群，數位資產投資平台三大板塊，旨在透過遊戲化的方式讓每個人都能接觸瞭解 Web3.0，最終實現我們的願景 —— 加速全人類數位資產時代的提前來臨。AssetClub 將數位貨幣，Defi，Web3.0 專案等各種類型的 Web3.0 資產都加入進遊戲中，讓玩家透過遊戲化的方式瞭解並掌握 Crypto 的價值觀與邏輯，再結合遊戲內的資產發放與流程引導，最終進入 Web3.0 世界。AssetClub 不僅提供遊戲化投資模擬，還致力於建立一個去中心化的全球投資者社群和數位資產投資平台。透過去中心化的投資者社群，打破地緣限制，讓全球的投資者能

夠在這裡學習、交流、實踐，共同探索數位資產的無限可能；數位資產投資平台可以讓用戶在 AssetClub 的 App 內便捷地購買 Crypto、Defi、RWA、ETF 等數位資產，再結合遊戲化投資模擬，讓全球所有投資者都能夠透過 AssetClub 瞭解數位資產，體驗數位資產並最終配置數位資產。

League of Thrones 是一款全鏈策略遊戲，League of Thrones 為策略類遊戲的愛好者打造了一個賽季制的戰爭體驗，玩家們以 DAO 的形式競爭遊戲獎勵和挖礦。遊戲中的資產，素材，資料和邏輯等模組由不同的區塊鏈提供透明且可驗證的保障，由此打造一個去中心化的遊戲環境。由 LOT 治理的 DAO 可以將這些模組任意組合並允許所有人創建賽季。League of Thrones 提供最大的可組合性，它允許主流 Layer1/Layer2 上的藍籌 NFT 的持有者透過 AI 根據遊戲畫風重新繪製的英雄參與遊戲。地圖類 NFT 及元宇宙地塊的持有者可以透過我們的地圖生成器編輯自己的地圖創建獨一無二的賽季體驗，甚至自行定義獎勵及透過 IAP 形式獲利。

TownStory Galaxy 是一款由 Zynga Studio 開發的免費 Web3.0 社交模擬遊戲。用戶可以在遊戲中建造自己的小鎮，收穫 NFT 和 Token。遊戲將打造成 Web3.0 版本的「動物森友會」，以社交為核心、整合交易、DEFI、娛樂等多種基礎設施並用遊戲治理代幣激勵其他遊戲入場的全鏈遊戲平台，為 Web3.0 行業帶來海量新增 Web2.0 用戶。

不僅如此，在 Web3.0 遊戲領域，遊戲開發者們還開發出了一種全新的遊戲模式──邊玩邊賺遊戲模式。Axie 是一款回合制策略遊戲，也是 Web3.0 邊玩邊賺遊戲模式的開創者。這種模式不僅區別於傳統遊

戲的免費模式，還區別於很多區塊鏈項目中的 Staking（質押）模式。在「邊玩邊賺」模式中，使用者需要做的不是持續的代幣投入，而是透過花費自己的時間和精力來獲得遊戲代幣獎勵。「邊玩邊賺」模式更像是一種工作量證明的獎勵模式。

Axie 的主角是一種寵物精靈，其玩法主要包括戰鬥與繁育。在戰鬥機制方面，Axie 提供 PvE（人機對戰）和 PvP（玩家之間對戰）兩種戰鬥，戰鬥中的獲勝者可以獲得代幣獎勵。Axie 還設置了相互克制的 9 個種族，克制者可使被克制者增傷 15% 或減傷 15%。而攢能量聯動玩法（參考卡牌手遊）和陣型機制（前排寵物會被優先攻擊在很大程度上增加了 PvP 的可玩性），為實現用戶留存打下了基礎。在寵物繁育方面，9 個種族的精靈的 6 個身體部位會變異，而變異由 3 個基因控制，因此透過不斷繁育，某些玩家可以藉此生成具有稀有屬性的超級寵物。玩家可以透過出售寵物獲利，因此這個繁育機制巧妙地運用了「彩卷」原理，這不僅增加了可玩性，還催生出一批忠實的職業繁育專家。

Axie 採用雙代幣模式來搭建自己的通證經濟體系，兩種代幣分別是 AXS 和 SLP。AXS 屬於治理代幣，遊戲的繁育過程需要消耗 AXS. 但在每個月的玩家排位賽中，排名靠前的玩家可以獲得 AXS 代幣獎勵。SLP 屬於效用代幣，玩家在擁有三隻寵物精靈後，可以透過 PvP 或 PvE 獲得 SLP 代幣獎勵，但獲得的 SLP 有 14 天的鎖倉期。Axie 的「邊玩邊賺」模式還催生了一種新的業態，那就是鏈遊公會，鏈遊公會區別於傳統遊戲公會，它基於遊戲中的 NFT 資產提供租賃業務。例如，進入 Axie 遊戲的前提是玩家必須擁有三隻寵物精靈，鏈遊公會可

以借出精靈給玩家打金幣並抽取一定的分成。有了鏈遊公會之後，玩家就可以零成本參與遊戲，透過付出自己的時間和精力即可獲得獎勵。

總而言之，Web3.0 遊戲的獨特之處不僅僅在於精緻的畫面、動聽的音效或者流暢的動作，更是有一套獨特的治理模式，此外資料的不可篡改性、鏈上資產的可組合性、自由和開放等這些都是 Web2.0 遊戲無法提供的功能，將為用戶帶來一種全新的遊戲體驗。而 Web3.0 遊戲也將充分發揮 Web3.0 去中心化、公開、自由、開放的理念，引導所有 Web3.0 參與者積極參與。

而基於 Web3.0 的 NTF 打標籤技術，更是在最大的程度上保護了玩家在遊戲中所創造的成果，或者說所獲取的成果的所有權，將獲得最大程度的保障。當然，這也在一定程度上會促進以遊戲為載體的一種新商業生態。

3.3 Web3.0 在金融

Web3.0 金融正在迅速崛起。Web3.0 金融與 Web2.0 金融最大的區別就在於「擁有和收益」的不同，傳統 Web2.0 金融市場的收益，被投資家和華爾街銀行家所把控，他們是傳統市場的巨鱷，幾乎不會有人覺得自己可以玩得過他們。然而，Web3.0 卻創造了一個獨特的金融系統，讓金錢和收益在人們當中開始流動了起來。這催生了去中心化交易所（DEX），催生了去中心化金融（DeFi）。未來，Web3.0 金融的發展還將重新定義金融服務格局，並未金融市場提供巨大的增長機會。

3.3.1 一場關於資訊的爭奪戰

所謂金融，其實就是對金錢的管理，包括儲蓄、借貸、投資、預算和預測等活動。金融可以被視為跨空間和時間管理資源、風險和回報的社會工具。如今，金融服務已經佔據全球 GDP 的約 20%。

在金融行業，一個最重要的因素，就是資訊。及時、準確的資訊是金融決策的基礎。在股票市場、債券市場、外匯市場等金融市場上，資訊的獲取速度和品質直接關係到交易的成功與否。傳統上，華爾街巨頭經營業務依靠的無非是資訊和資源優勢，它們透過建立強大的資訊網路，包括定期報告、行業研究、專業分析等手段，以獲取最新的市場訊息。這使得它們能夠在第一時間獲悉市場變化，做出相應的投資和交易決策，從而在市場競爭中保持領先地位。

資訊優勢也體現在對客戶需求和市場趨勢的深刻洞察。金融機構透過大量的資料分析、市場調研和行業洞察，能夠更好地理解客戶的需求和行業的發展趨勢。這使它們能夠提供更貼合市場需求的金融產品和服務，更好地滿足客戶的預期，建立起良好的客戶關係。

另外，資訊優勢還涉及對風險的有效管理。金融市場充滿了各種不確定性和波動性，而對這些風險的及時、準確的評估是金融機構生存和發展的關鍵。透過深度的資料分析、風險模型建立以及對市場動態的敏銳感知，金融巨頭可以更好地預測和管理風險，降低業務操作的不確定性。

而進入網際網路時代，資訊優勢已經被逐步瓦解。電子報價和自動撮合交易功能的普及，使得金融資產的價格更加透明，投資者無須

經過職業經紀人或交易員即可進行交易。大宗交易或複雜的結構化交易還是需要專業機構參與，但是它們在全部金融交易中的占比很低。

財經新聞、公司公告和監管資訊的傳播速度大幅提升，任何公開資訊都可以在一瞬間傳遍全球。投資者不再需要專業分析師來告知這些資訊，甚至不需要分析師來解讀。資本市場的「話語權」被下放到了千千萬萬媒體乃至個人手中。資訊透明度的提升，也使得投資者對金融服務的價格更加敏感。他們可以輕易對比各家基金的管理費率、各家券商的傭金率，從中挑出最便宜或者性價比最高的。不但個人投資者會這樣做，機構投資者也會這樣做。

由於資訊優勢不斷喪失，傳統的投資銀行和資本市場業務的利潤日益微薄，華爾街金融機構不得不更加依賴自營交易，也就是投入更多自有資本進行投機。它們還更加依賴複雜的、非標準化的金融衍生品，這些產品固然可以收到更高的費用，卻同時蘊含著難以估量的風險。在次貸危機高峰期倒下的貝爾斯登（Bear Stearns）、雷曼兄弟（Lehman Brothers）、美林（Merrill Lynch）等金融機構，均是敗於自營交易槓桿過高、帳面上的高風險結構化資產太多。

從那以後，世界各國監管部門均加強了對大型金融機構的監管，限制它們進行自營交易，以維持較高的資本充足率。從次貸危機中倖存的華爾街巨頭，其發展重點紛紛轉向資產管理、私人財富管理、消費金融等更穩定的業務。進入 21 世紀 20 年代，高盛因為與 Apple 信用卡業務合作，成為美國用戶增速最快的信用卡發卡銀行；而摩根士丹利成為美國乃至全球最大的私人財富管理機構之一。

此外，在金融業務上，傳統金融機構也呈現出後繼乏力的態勢，這也給Web2.0的科技金融有了可乘之機。早在2014年，包括行動支付、小額信貸、消費金融、供應鏈融資和加密貨幣等在內的「金融科技」（Financial Technology，Fintech）就成為全球資本市場關注的焦點。在金融科技領域佈局最廣泛的是Apple。2014年，Apple以基於NFC（Near Field Communication，近場通信）技術的Apple Pay支付業務打開了進軍金融業的道路；2019年，它與高盛聯合推出了Apple Card，該服務迅速成為美國使用者增長最快的信用卡服務；2023年，它又推出了Apple Pay Later這項「先買後付」（Buy Now, Pay Later）的消費信貸服務。而Apple經營消費金融業務的「殺手鐧」就是資料。Apple Card可以在用戶申請之後「瞬間發卡」，Apple Pay Later甚至不需要檢查使用者的徵信記錄。

儘管在Web2.0階段，金融科技在一定程度上推動了普惠金融的發展，為更多人提供了便捷的金融服務，但Web2.0階段的金融服務也誕生了新的問題。

最典型的就是中心化和壟斷的問題，中心化的金融平台和公司通常壟斷著市場，掌握著使用者的金融資料和交易資訊。這種中心化的金融模式帶來了一系列問題，其中包括資訊洩露、資料濫用、壟斷定價等方面的挑戰。特別是中心化金融平台集中儲存大量使用者的敏感資訊，包括個人身分、交易歷史和財務狀況。這使得使用者的隱私資料容易成為駭客攻擊的目標，一旦平台遭受攻擊，使用者的個人資訊可能會洩露，進而導致身分盜竊、欺詐等問題。此外，中心化的金融

平台可能將使用者資料用於廣告定向、行銷等商業目的，甚至出售給協力廠商。使用者的個人偏好、消費行為等資訊可能被商業化，引發用戶對隱私權的擔憂，對金融平台的信任感下降。壟斷定價是中心化金融模式的另一個問題。掌握市場主導地位的平台有能力透過壟斷定價獲取不合理的利潤，導致金融服務的高昂費用。使用者需要支付更多的手續費、利息或其他費用，降低了金融服務的可及性和可負擔性，使得金融市場缺乏競爭性。

並且，在 Web2.0 金融中，交易和結算的過程往往缺乏透明度，給用戶帶來了一系列問題。資金流向不透明是其中的一個主要問題。在傳統的中心化金融體系中，使用者在進行交易時難以清晰地追蹤資金的具體流向。中心化機構集中管理著用戶的資金，而用戶往往無法即時查看和驗證交易的詳細資訊，導致了資訊不對稱。並且，中心化金融平台可能在交易和結算過程中添加不透明的費用。使用者在進行交易時，可能面臨隱藏的費用，如手續費、交易結算費等。這些費用通常在使用者交易前並不清晰地呈現，使用者只能在交易完成後才能瞭解到具體的費用細節。這種不透明的費用結構增加了使用者的交易成本，降低了金融服務的透明度。

另外，中心化金融平台在處理結算時可能存在延遲和不確定性。由於交易和結算都依賴於中心化機構的仲介作用，可能受制於其內部處理流程、系統故障或其他因素而導致結算延遲。用戶在進行資金結算時難以預測結算時間，這會對某些金融活動的及時性和效率產生負面影響。

而 Web3.0 技術的引入為解決這些問題提供了新的可能性。透過採用區塊鏈技術和智慧合約，Web3.0 金融模式實現了去中心化的交易和結算，極大提高了透明度。區塊鏈的分散式帳本確保了每一筆交易都被準確記錄，使用者可以即時查看和驗證交易的細節。智慧合約的自動執行機制也保障了交易和結算的及時性和可靠性，減少了不確定性。此外，Web3.0 金融的去中心化特性使得交易和結算更加靈活和開放。用戶可以在全球範圍內進行無障礙的金融活動，不受地理和法規的限制。這為全球範圍內的用戶提供了更加便捷和高效的金融服務，促使了金融體系的全球化和融合。

不僅如此，Web3.0 對金融業另一個重要影響，就體現為對資訊不對稱的進一步消除，以及對風險管理的效率提升。金融業在本質上是一個關於風險的行業：每項金融資產、每個客戶都蘊含著獨特的風險，整個金融市場由系統性風險和大量的非系統性風險所左右。在資訊不對稱的時代，金融機構不得不透過抵押、擔保等手段控制風險，其策略不是「保證不出事」，而是「確保發生問題時能有相應的補償機制」。

在中國，很多貨車司機已經透過將貨車資產「上鏈」的方式獲得了貸款，而且轉賣貨車也變得更容易了。中小型企業主可以透過將設備「上鏈」的方式降低融資成本，還能提升生產安全水準。這些甚至不用發生在公鏈上，只需發生在各方都認可、有一定信譽度的私鏈上，例如金融機構或專業仲介機構的私鏈。這不僅大幅降低了中小型企業和個人獲得金融服務的難度，也降低整個金融體系的風險。

3.3.2 Web3.0 金融的應用

目前，Web3.0 金融已經誕生了去中心化交易所（DEX）和去中心化金融（DeFi），它們正在改變金融市場的遊戲規則，並重塑金融格局。

去中心化交易所（DEX）是一種基於區塊鏈技術的交易平台，它與傳統的中心化交易所不同，沒有中央管理機構，而是依賴智慧合約和去中心化網路實現數位資產的交易。透過智慧合約，用戶能夠在區塊鏈上執行交易，而無需依賴傳統中心化交易所。這種無需信任協力廠商的設計，使得用戶能夠更好地掌握自己的資產和資料，實現更高程度的安全性和透明度。

在 Web3.0 的進程中，DEX 扮演著關鍵角色，它們摒棄了傳統金融仲介，成為了金融變革的重要一環。這種新型交易所保障了高度的隱私，有效地規避了中心化交易所可能帶來的託管風險，為用戶提供了更加安全的交易環境。

DEX 藉助自動做市、流動性池和點對點交易等功能，正在重新定義加密貨幣交易的格局。透過提供直接的使用者對使用者交易，DEX 實現了金融體系的去中心化，並為用戶提供了更多的權力和選擇。

儘管 DEX 有諸多優勢，但也面臨一些挑戰和風險。流動性問題、價格滑點以及智慧合約漏洞都是需要認真考慮的方面。流動性不足可能導致交易困難，價格滑點可能引發損失，智慧合約漏洞可能導致資產安全問題。這些都需要在設計和營運過程中得到有效的解決。但作

為 Web3.0 金融系統的重要組成部分，DEX 的重要性是毋庸置疑的，DEX 為去中心化金融的未來指明了方向。透過解決中心化交易所的問題，DEX 為用戶提供了更多的掌控權，推動了數位經濟和加密貨幣市場的發展。

中心化金融（DeFi）應用則旨在利用區塊鏈和預言機技術重塑傳統金融產品，DeFi 打破了傳統金融中心化的壁壘，提供了更加開放、透明、去中心化的金融生態。

一方面，DeFi 應用基於區塊鏈技術，使用智慧合約構建各種金融產品，如借貸、交易、穩定幣發行等。這些智慧合約自動執行金融協議，無需仲介，提高了交易效率，降低了交易成本。用戶可以直接在區塊鏈上參與各種金融活動，實現更快速、便捷的交易體驗。

另一方面，DeFi 應用採用了預言機技術，解決了區塊鏈無法獲取外部資訊的問題。預言機是將現實世界的資料引入區塊鏈的機制，使得智慧合約可以基於外部資料做出決策。這項技術讓 DeFi 應用更加靈活，能夠涉足更多領域，如保險、預測市場等，使得金融服務更具多樣性和適應性。

Web3.0 金融的目的就是建立一個對所有人開放的、一個更有彈性和更透明的金融體系，並最大限度地減少人們對中央權威的信任和依賴。這一願景也反過來推動著區塊鏈和加密技術在金融領域的廣泛應用和創新。

3.4 Web3.0 在醫療

Web3.0 的概念在醫療領域也掀起了風波。

特別是在過去幾年中，醫療資料呈指數級增長，並透過系統、設備和感測器來收集。由於資料以患者醫療症狀和問題、觀察結果、診斷、服用藥物、應用程式的形式收集，它們通常被記錄在電子病歷（EHR）、電子健康記錄（EMR）、實踐管理系統等記錄系統中。隨著收集資料的豐富，智慧系統使醫生能夠在不同症狀之間建立聯繫，提供準確的診斷並提供適當的治療。

但這有一個問題，就是被記錄在電子病歷（EHR）、電子健康記錄（EMR）、等記錄系統中的醫療資料是處於封閉的資訊孤島（資訊壟斷）中的。而 Web3.0 有望打破這一切。當前，Web3.0 醫療正在改變患者的資料管理並協助組織醫療記錄，Web3.0 在醫療領域的其他應用也備受期待。

3.4.1 打破醫療的中心化管理

在傳統醫療行業中，中心化管理是一種典型的組織結構和資訊流動方式，主要表現在醫療資料、資源和決策權的集中掌控上，其中少數權威機構或組織在整個醫療體系中起著主導作用。其中，患者的醫療記錄、診斷結果、用藥歷史等敏感資訊通常由醫療機構、醫生和保險公司等中心化實體集中儲存和管理。除了資料的集中儲存，醫療資源和決策權也在中心化的掌控之下。醫療機構和專業醫生通常擁有更多的資源和權力，而患者在醫療決策中的參與度相對較低。這種中心化的體系在醫療行業中長期存在，同時也帶來了一系列問題和挑戰。

最直接的問題，就是導致醫療資料的不透明和不安全。在傳統醫療體系中，患者的健康資料通常由醫療機構和中心化的醫療資訊管理系統掌握。這種集中式儲存模式存在嚴重的隱私和安全隱患。患者的個人健康資訊儲存在集中式資料庫中，一旦遭受駭客攻擊，可能導致嚴重的資料洩露和濫用問題。患者對於自己的醫療資料瞭解有限，缺乏對資料流向和使用的透明度，難以確保資料的安全性和隱私保護。

中心化管理也加劇了醫患關係不對等的問題。在傳統醫療體系中，醫生和醫療機構擁有對患者資料的控制權，而患者對自己的醫療資訊瞭解有限。這種資訊不對等導致了醫患關係的不平衡，患者在醫療決策中的參與度較低。醫生和醫療機構擁有決策的絕對權威，而患者往往被動接受醫生的建議，難以主動參與醫療過程。這種醫患關係的不平衡使得患者的需求和意見難以被充分考慮，影響了醫療決策的科學性和人性化。

此外，中心化管理也對醫療創新的發展構成了阻礙。醫療研究和創新通常需要大量的醫療資料支援，但現實是，中心化管理下的醫療資料難以實現跨機構和跨地域的共用。在傳統的醫療體系中，醫療資料往往分佈在各個獨立的醫療機構和系統中，由於資料歸屬不同，共用和整合變得異常困難，醫療資料呈現碎片化和封閉性的特徵。這種醫療資訊的孤立儲存和管理模式限制了醫療研究的廣度和深度。新的治療方法、藥物研發以及疾病預防策略需要基於全面而準確的醫療資料，但醫療研究人員難以獲取全面的、涵蓋多樣患者群體和不同醫療場景的資料，這對於深入瞭解疾病機制、制定個性化治療方案以及推動醫療科研的進展都帶來了困難。可以說，中心化管理下的醫療資料侷限了醫學研究和創新的廣度，也制約了醫療領域的發展速度。

中心化管理還使得醫藥供應鏈不透明，難以追溯。在當前的醫療體系中，藥品從生產到流通到最終銷售，每個環節都由不同的機構或企業掌控，彼此之間缺乏有效的資訊共用和交流機制。這導致了醫藥供應鏈的不透明性，監管部門和消費者難以準確獲取藥品的生產和流通過程資訊。這種情況容易為藥品假冒偽劣提供空間，也使得一旦出現品質問題，難以追溯到具體的生產和流通環節，從而增加了患者用藥的風險。

最後，是營運成本和效率問題。傳統的醫療資訊管理系統通常由大型醫療機構或醫療管理部門負責維護和升級，這涉及到大量的人力、物力和財力投入。維護一個龐大的集中式系統需要不斷更新硬體、升級軟體、確保網路安全等，這些過程不僅繁瑣複雜，而且成本昂貴。同時，由於醫療資訊系統的技術標準和資料格式通常缺乏統一規範，不同醫療機構之間的資訊交流存在著障礙。這導致了資訊流通效率低下，患者在不同醫療機構就診時，醫生難以獲取到完整和準確的病歷資訊。這種資訊孤島現象不僅增加了醫生的工作負擔，也影響了醫療決策的科學性和精準性。

解決這些問題的最好方法，就是去中心化，於是，Web3.0醫療應運而生。

3.4.2 Web3.0能為醫療帶來什麼？

Web3.0對醫療領域的影響不僅僅是技術上的變革，更是一場對整個醫療體系的顛覆性革命，從資料的安全性和透明度到醫患關係的再定義，各個方面都將迎來新的可能性。

首先，Web3.0 技術透過去中心化的特性，為醫患雙方提供了更安全和透明的醫療資料管理機制。Web3.0 的去中心化特性使得醫療資料可以以分散式的方式儲存在網路中，而不是集中於單一機構。每個患者都擁有一個唯一的身分標識，並且只有在患者授權的情況下，醫療機構才能夠獲取特定的醫療資料。這種分散式的醫療資料儲存和訪問方式，極大地降低了資料被濫用或攻擊的風險，保障了患者個人隱私的安全性。智慧合約則可以用於定義和執行醫療資料的存取控制策略。患者可以透過智慧合約設置資料的存取權限，例如限定特定醫生或研究機構只能訪問特定類型的資料，而其他敏感資訊則得以保護。這種細微性的許可權控制讓患者能夠更好地管理自己的醫療資料，增加了對個人隱私的信任。

Web3.0 的透明性也使得醫療資料更容易追溯。每一次對醫療資料的訪問、修改或交換都可以被記錄在區塊鏈上，形成不可篡改的資料歷史。這種透明性有助於提高醫療體系的信任度，患者和醫生都能更清晰地瞭解資料的來源和變更歷史，從而加強整個醫療過程的可信度。當然，更重要的是 Web3.0 的這種資料可追溯可以大幅降低醫療成本，不論是對於政府還是患者個人而言，基於 Web3.0 的醫療檢查報告能大幅提升資料共享效率，並有效減少因重複檢查所造成的資源浪費與不必要的醫療支出。

這也為醫療保險以及醫患關係的重新定義提供了可能性。患者可以透過智慧合約設置自己的醫療資料存取權限，決定是否分享資料給醫生或研究機構。這使得患者能夠更直接地參與診斷和治療方案的制定，減少了資訊不對稱，提高了醫患之間的互信。患者的主動參與也有助於提高治療方案的個性化，更好地滿足患者的實際需求。去中心

化治理機制還為患者提供了對醫療服務提供者的評價和回饋的管道。透過智慧合約記錄患者的評價，建立透明的醫療服務評價體系，可以促使醫療機構提供更高品質的服務，患者也能更明晰地瞭解醫療服務的品質和口碑。這種開放的回饋機制可以推動醫療體系朝向更為貼近患者需求的方向發展。

除了患者資料的去中心化，Web3.0 也為全球醫療資料共用提供了創新的解決方案，透過智慧合約和加密技術，未來，醫療領域有望構建起安全可控的全球醫療資料共用網路。其中，智慧合約將在全球醫療資料的共用和傳輸中發揮關鍵的作用。它們可以規定資料的存取權限、使用條件和時效性，確保只有授權的用戶或研究機構能夠訪問特定的醫療資料。這有效地解決了傳統醫療資料共用中隱私和安全性的問題，為全球範圍內的醫療研究提供了更為可靠的基礎。加密技術的運用則保障了醫療資料的隱私性。透過採用先進的加密演算法，醫療資料在傳輸和儲存的過程中得到了有效的保護，降低了資料被非法獲取或篡改的風險。這種加密機制為全球醫療資料的共用提供了更高的信任度，激發各方更積極參與醫療資料共用的信心。

而基於 Web3.0 建立一個全球性的醫療資料共用網路，各國醫療機構、研究機構和國際組織就可以更加便捷地獲取和分享醫療資料。這有助於更好地理解疾病的傳播模式，提高疾病的預測和防控效果。同時，全球醫療資料的整合也為跨國疾病研究提供了更為廣泛和深入的資料支援，促進了全球範圍內的醫學科研合作。

Web3.0 醫療的應用在藥物研發和分發方面也有體現。在藥物研發領域，區塊鏈技術的透明性為整個研發過程注入了更高的可信度。傳統的藥物研發過程中，研究資料往往由製藥公司或研究機構儲存，存在一定的資訊不對稱和資料可信性的疑慮。而透過採用區塊鏈技術，研究資料可以被透明地記錄在不可篡改的區塊鏈上，確保資料的真實性和不可篡改性。這不僅有助於提高研究資料的可信度，也為整個醫藥研發生態系統提供了更為透明和安全的基礎。

智慧合約的運用則可以優化藥物分發的效率和安全性。在傳統的醫療體系中，藥物的分發和配送可能受到繁瑣的中間環節和資訊不暢通的問題，導致患者難以及時獲取治療所需的藥物。而基於 Web3.0 技術的智慧合約可以實現藥物供應鏈的透明化和自動化。透過智慧合約，醫療機構、製藥公司和分銷商可以即時共用藥物的生產、庫存和配送資訊，確保藥品能夠高效地從製藥廠到達患者手中。這種去中心化的分發模式有望提高藥物的及時性和可及性，保障患者能夠在需要時獲得有效的治療。

可以看到，Web3.0 在醫療領域的應用不僅僅是技術上的改進，更是一場對醫療體系的徹底革命。這場變革有望使醫療服務更加安全、透明，醫患雙方更加平等，推動醫療行業朝向更先進、更人性化的方向發展。這對於建立一個對所有人開放、更有彈性和透明的醫療體系，都具有深遠的意義和巨大的價值。

下篇

Web3.0 時代的 Web3.0

在上篇中我們談論了很多關於 Web3.0，而那些探討其實都是基於當前技術框架下的一些討論，這些討論更多的是表達當前有限技術階段的，或者說是基於 Web2.0 的技術與社會認知情況下的 Web3.0 探討。這種 Web3.0 並不是真正的，未來的 Web3.0，所以在上篇我將那部分內容定義為 Web2.0 時代的 Web3.0。

其實真正的 Web3.0 一定不是我們在 Web2.0 時代所看到的樣子，它是在多重前沿技術疊加下所自然演變出來的產物，也就是網際網路的下一代技術。至於下一代技術是否會叫做 Web3.0，或者是其他的名詞來替代，我們目前還很難預知，在當下我們只能基於當前的社會共識名詞 Web3.0 來命名。

因此，在下篇中，我努力嘗試站在未來的視角，站在多重前沿技術的視角下來思考這些顛覆性技術變革下的下一代網際網路技術，站在 Web3.0 時代的視角下來探討 Web3.0。

那麼首先我們需要探討一個核心問題，就是到底什麼是 Web3.0？在此，我給 Web3.0 的定義是：數位主權。而 Web3.0 時代，也就是數位主權時代。Web3.0 的真正核心，就在於數位時代個人數位身分的主權化，這標誌著人類社會即將迎來一場深刻的變革和文明的再造。Web3.0 的到來，意謂著人類將從非數位化時代的公民人權，走向數位化時代個體的虛擬數位身分與行為的數位主權。

基於這個定義，我們將在下面開啟 Web3.0 時代的 Web3.0 內容的探討。

4
CHAPTER

舊 Web3.0 和新 Web3.0

4.1 陷在 Web2.0 裡的 Web3.0

當前，Web3.0 風聲漸起，關於 Web3.0 的概念和理論也正在迅速得到普及。與其說普及，更準確的說是在探討。正如之前的元宇宙一樣，在各種前沿產業鏈技術都還沒有獲得突破與成熟之前，當下的很多討論並不能準確的表達未來。而唯一能夠相對準確的預見未來的 Web3.0，就是基於前沿產業鏈發展的視角才能獲得相對準確的思考。

如果用簡單的一句話來表達，Web3.0 就是網際網路的下一個時代。Web3.0 是一個對所有用戶開放的網際網路，建立在開放的協定和透明的區塊鏈網路上，是一個基於通訊技術而構建的自由社會方式。或者說是人類社會對於自由、民主的一種嚮往，而藉助於技術進行探索的方向。Web3.0 以開源協議為基礎，以商業作為介面，宣稱要重新設計現有的網際網路服務和產品，使其造福於大眾，為大眾提供方便的訪問和其他更多特性。

與 Web2.0 的中心化截然不同，Web3.0 是去中心化的。可以說，去中心化也是現階段 Web3.0 的根本特性，但事實上，這也是現階段 Web3.0 最大的問題──現有對 Web3.0 理解，更多是基於 Web2.0 出現的種種問題，而提出的一種憧憬。去中心化真的能實現嗎？透過 Web3.0 來打破 Web2.0 的壟斷，有多少可能？

4.1.1 不是真正的 Web3.0

2021 年下半年，Web3.0 這一概念開始被廣泛討論後，個人、企業、組織均在搶灘，Web3.0 成為熱潮。Web3.0 快速得到市場的普及，

也讓資本聞風而動。那麼為什麼會出現 Web3.0 這樣的概念呢？其實很簡單，在網際網路領域，從 Web 的出現開始，到 Web1.0、Web2.0 以及當前提出的 Web3.0，其實都是資本與技術的雙向驅動，然後試圖打破前一個階段由技術所構建的商業壟斷模式。因此，可以說出現 Web3.0 是必然的趨勢，因為資本與創業者的創新精神在驅動新商業模式的形成。而在當前，我們將這種即將到來的新商業變革定義為 Web3.0。

創新的驅動通常需要技術的創新，以及資本的驅動。因此，資本的冒險精神就成為了非常重要的因素。面對 Web3.0，金沙江創投管理合夥人朱嘯虎購買了遊戲 StepN 的跑鞋，並評價其經濟模式稱「有機會跑通，未必是旁氏」；風險投資新勢力 a16z（風險投資公司 Andreessen Horowitz），先後投資的 Web3.0 領域公司或項目數量超過了 80 個；紅杉資本也陸續投資了數十家 Web3.0 公司。

據 Techub News 統計，2021 年 Web3.0 行業的融資總額達到了 290 億美元，2022 年 Web3.0 行業的融資總額進一步增加達到了 332 億美元。

除了新錢、老錢在湧向 Web3.0 外，技術、人才也向這裡流動。Meta、Google、亞馬遜、推特、eBay 等矽谷巨頭們開始探索 Web3.0。2022 年 1 月 20 日，推特宣佈推出新功能，將擁有 NFT 的使用者頭像顯示為六邊形，這也被業內認為是網際網路巨頭向 Web3.0 轉型的第一次嘗試。而幾乎同一時間，Meta、YouTube、Reddit、Google 都宣佈嘗試推出 NFT 產品，加入 Web3.0 產品的研發中。Google 母公司 Alphabet Inc. 的執行長 Sundar Pichai 直接表示，該公司正在監控區塊鏈行業和 Web3.0 的發展，並同時表示許多科技公司都在湧入該領域並擁有數億美元的投資，Alphabet 可能很快也會效仿。

但現實是，現有的 Web3.0 項目，大部分還不是真正的 Web3.0，更多的是對新一輪網際網路技術變革的預見。事實上，這也是 Web3.0 行業的普遍共識。

比如 NFT 平台 OpenSea，雖然被認為是 Web3.0 專案，但其實際運作仍然保留了 Web2.0 的思維，未能完全實現去中心化的理念。OpenSea 只是一個交易系統，不是一個確權系統。而 Web3.0 的主要特徵就是可擁有，即用戶能夠真正擁有和掌控自己的數位資產。然而，要實現這一目標，前提就是需要建立一個跨平台的身分認證系統，以確保數位資產的真正所有權。這意謂著用戶在不同的應用和平台上都能夠方便地管理和使用自己的數位資產，而不受到特定平台的限制。但當前，能夠跨平台的身分認證系統並沒有出現，這樣來看，OpenSea 距離 Web3.0 也還有一定距離。除了 OpenSea 外，目前出現的大量的數位藏品，也多為對 Web3.0 的一種探索，正在摸著石頭過河。

不可迴避的現實問題就是當前我們所談論的 Web3.0，其實更多的是建立在當前的技術框架下，而當前的很多技術，包括區塊鏈、NFT、資訊通訊等技術，在量子計算與量子通訊時代，當前的這些技術構想將會變得陳舊，必然就不能代表著真正意義上的 Web3.0。

不僅如此，在 Web3.0 的未來願景裡，Web3.0 必然是去平台化和項目開放合作共贏的，這意謂著摒棄傳統的中心化模式，強調開源、去中心化和協作，以創造更加包容和公正的數位經濟生態系統。

但從現狀來看，很多項目都還是 Web2 思維，過於強調自身平台的獨立性，而非真正意義上的去中心化。特別是許多項目在追求市場佔有率和用戶基礎時，仍然採取了傳統的競爭策略，即不同項目之間為

了爭奪用戶和市場佔有率而競相推出封閉的平台，缺乏互通性和協同作用。專案之間的競爭和跑馬圈地現象也突顯了行業內尚未形成真正合作共贏的態勢。

其實出現當前的這種認知侷限也是必然與正常的情況，畢竟產業投資者與創業者不是未來學家，更多的是基於當前一些有限技術的突破來試圖構建一種新的商業機會。

4.1.2 打破壟斷，可能嗎？

當前，在Web3.0領域中，投資人正大步入場。除了a16z外，紅杉資本、橋水基金等知名投資機構進行相關投資外，多支專注投資Web3.0領域的新基金先後成立。但這也帶來了矛盾：無疑，資本的介入可以使Web3.0快速成長並藉助老牌投資機構的背書，獲得更多的信任、達成更多共識。但Web3.0的「使命」是去中心化和確權，而投資，卻是屬於Web2.0時代的「傳統玩法」。

這也就意謂著資本一旦想藉助於資本的力量來構建Web3.0的平台，本質上依然是非去中心化的平台，只是以一種新的技術概念來打造一種相對於Web2.0而言，相對更加開放的一種中心化平台。因為一旦無法建立中心化的平台，對於資本而言，就無法實現投資的變現、估值、回報與退出。

回顧Web2時代，各大網際網路公司的商業模式基於中心化平台吸引流量進行變現。網際網路公司的商業模式主要基於中心化平台，透過提供基礎服務吸引使用者流量，實現商業變現。社群平台如Facebook（現更名為Meta）和推特（現更名為X），電商平台如亞馬

遜和淘寶，以及搜尋引擎如 Google 和百度，都依賴於提供基礎服務吸引使用者流量，進而實現商業變現。這些平台的崛起離不開資本的支持，創始人們如 Google 的 Larry Page 和 Sergey Brin、Facebook 的馬克．祖克柏、阿里巴巴的馬雲，在企業初期都得到了資本的助推。

然而，Web3.0 的使命卻是去中心化和確權，這就與傳統的資本推動模式相悖。在 Web3.0 中，用戶被賦予更大的掌控權，可以擁有並掌控自己的數位身分和資料。甚至這種數位身分與權力完全歸屬於個人，並且可以隨意、自由的參與 Web3.0 時代的各種網路活動，平台根本就不具備控制權。這與 Web2.0 時代的中心化平台模式形成鮮明對比，後者通常透過掌握大量使用者資料，以及剝奪使用者的資料權力來實現壟斷，並從中獲得超額回報。而 Web3.0 的理念旨在打破這種壟斷格局，使用戶能夠更直接地從自己的資料中受益，這與傳統商業收益模型截然不同。

此外，Web3.0 的去中心化使用戶能夠更直接地從自己的資料中受益，擺脫了對中心化平台的依賴。然而，傳統資本推動的商業模式卻追求的是短期內的壟斷和超額回報。這使得資本介入 Web3.0 時，需要面對一個核心問題：如何平衡商業模式的創新與資本的收益預期。可以說，資本的天性是追求壟斷，而 Web3.0 則強調分散和去中心化。

不僅如此，雖然 Web3.0 聲稱能夠實現去中心化但從客觀事實來看，去中心化似乎更像是一種理想而非實際現實──去中心化只能在技術的推動下，朝著更加開放、平等的方向上進行發展，因為最後的中心權力還是掌握在平台的設計者手中。在馬斯克看來，目前 Web3.0 更像是一個「行銷流行語」，而不是現實。

而推特聯合創始人 Jack Dorsey 則認為，Web3.0 最終將被風險投資家所控制，從一種權力壟斷落入到另一種形式的壟斷。Jack Dorsey 表示：使用者並不實際擁有 Web3.0 產品，Web3.0 的實際擁有者是項目背後的風險投資機構 VC 及其有限合夥人 LP，Web3.0 永遠無法脫離他們設定的激勵機制。最終，Web3.0 將是一個帶有不同標籤的中心化實體。

也就是說，在 Web3.0 的發展過程中，投資者可能透過資金的支援在專案中擁有過大的影響力。這種情況就可能導致 Web3.0 項目最終淪為投資家的工具，而非真正為使用者服務的去中心化網路。並且，雖然 Web3.0 的理念強調使用者對自己資料和數位資產的擁有，但實際上，如果項目的所有權和決策權仍然集中在少數機構手中，用戶的真實擁有權也會受到挑戰。

正因為這個矛盾點，Jack Dorsey 項目被自己的投資人封鎖。2021 年 12 月，Jack Dorsey 發表推文批評 Web3.0 是風險投資公司的工具。最終，a16z 創始人 Marc Andreessen 將他「封鎖」，而 Jack Dorsey 作為回應，同樣封鎖了對方。Jack Dorsey 質疑的並不是 Web3.0 本身，而是投資方式的介入是否適合 —— 大量投資機構湧入，最終 Web3.0 可能是由資本而非公民所掌握 —— 這與 Web3.0 的初心背道而馳。

總的來說，雖然區塊鏈技術讓交易變得更加自由與開放，但是否能真正實現絕對的安全性，去中心化仍然存在許多未知數。比如，在 FBI 破獲比特幣相關案件之前，虛擬貨幣與區塊鏈領域的從業者普遍認為比特幣是最安全的貨幣，無法被追蹤或查緝。然而，FBI 最終仍成功追查到這些號稱安全的區塊鏈技術所支撐的比特幣交易，並偵破基於比特幣的犯罪行為。

只能說，在大眾資訊面前，Web3.0 的技術可以增加資訊保密與安全性，但是放到國家治理層面，或是駭客層面，依然還是無法形成絕對的保密。

在國家治理層面，政府可能採取措施來監管或干預區塊鏈網路的運行，從而對其去中心化的理念形成一定的制約。在駭客層面，儘管區塊鏈技術可以提高交易的透明性，但依然可能受到一些攻擊和漏洞的威脅，使得其在實際運作中難以形成絕對的安全性。

如果 Web3.0 不能實現相對的去平台化、去壟斷化、去中心化，那麼在資本裹挾下的 Web3.0，最終可能的結局就如同今天的數位虛擬貨幣一樣，成為資本包裝下的一些概念，甚至會成為一種騙局。

4.1.3 去中心化的迷思

去中心話是人類追求自由的願景，但是只要人類社會存在著秩序，就談不上真正意義的去中心化。比如，從歷史至今，人類社會離不開各式各樣的規則，政府組織和秩序運行就是基於規則和制度的，而這些規則的本質其實就是一定程度的中心化。

首先，中心化與秩序的關係緊密相連。人類社會中的政府和組織往往扮演著制定規則、執行法律、維護秩序的重要角色。而這些規則和秩序的制定又需要中央權威機構來確保其有效性和普適性。中心化的管理和決策有助於有效地協調社會各方面的利益，維護公共利益，以及應對突發事件。在這一過程中，權力的集中使得決策更為高效，但越是如此，去中心化就越是困難。

其次，在中心化結構下，政府和權威機構負責協調和治理社會事務，而去中心化要求在沒有中央機構主導的情況下實現協同工作。這需要建立一套有效的去中心化治理機制，以便在分散的決策層面上實現合作，但這顯然是難以實現的。

一是難以協調，在中心化結構下，政府或權威機構能夠集中協調並制定一致的政策。而在去中心化的環境中，各個參與者可能持有不同的觀點和利益，協調這些分散的聲音並達成共識是一項極具挑戰性的任務。各方面的利益衝突、價值觀差異和意見不一致可能導致決策的混亂和拖延。二是滑坡效應，在一個沒有中央權威的環境中，或者說在一個沒有群體相對共識的環境中，決策可能受到個別群體或個體的主導，從而導致權力滑坡和不均衡的情況。這可能使得去中心化治理並非真正民主，而成為少數人或特定利益集團的工具。

此外，去中心化帶來的權力分散還有可能導致混亂和不確定性。一方面，在中心化結構下，政府和機構能夠迅速制定清晰的法規和政策，為社會提供穩定的指導。而在去中心化模式下，權力分散至各方，各方面的利益衝突、觀點分歧可能使得決策變得複雜。缺乏統一的權威機構來指導行動，社會可能陷入意見分歧、決策混亂的困境，難以形成一致的行動方案，從而面臨社會秩序的不確定性。

另一方面，在中心化的制度下，政府通常扮演協調和調解的角色，努力平衡不同利益群體之間的矛盾。而去中心化要求更廣泛的參與和決策，使得各個群體的意見都得到充分表達。然而，由於社會中存在的不平等現象，特定群體可能更具影響力，導致決策過程中的不公平和社會不平等問題。

可以說，組織形式和權力結構的存在是社會秩序的基礎，只要人類社會還有組織形式的存在，就不可能出現真正的去中心化。說到底，中心化只是一個相對的概念，正如自由、民主也只是一個相對的概念。

中心化和去中心化的本質是權力和決策的分佈方式。中心化強調在一個中心權威的指導下進行決策和組織，而去中心化則主張將權力下放至更多的個體或節點。然而，由於社會的複雜性和治理的需要，完全的去中心化顯然難以實現。因為社會組織和治理往往需要一定程度的中心化，或者說需要相對的共識來確保秩序和協調。政府、企業董事會等中心化結構在一定程度上提供了決策的高效性和執行的統一性，這對於應對各種挑戰和維持商業與社會，或者說維持戰略的可持續穩定發展至關重要。

4.1.4 重新審視「去中心化」

從技術角度來看，實現真正的中心化也面臨著極大的挑戰。

儘管當前關於 Web3.0 的未來願景在學術界和產業界引起了廣泛關注，但大部分關於 Web3.0 的討論仍然是基於 Web2.0 技術的視角，幾乎所有的討論都離不開區塊鏈技術作為 Web3.0 底層技術的這一設想。然而，要深入探討 Web3.0，我們需要的不是從現實技術出發，而是站在下一代網際網路技術的視角，以及前沿技術發展的角度來審視 Web3.0。

從技術的發展趨勢來看，基於區塊鏈的網際網路技術顯然不是網際網路的未來，區塊鏈的本質也不代表著去中心化，而是一種分散式帳本，是在資料大規模爆發後必然出現的一種更加複雜的加密技術，雖然區塊鏈可以在一定程度上實現去中心化的目標，但並非絕對的解決方案。

區塊鏈的起源和設計理念就根植於對傳統中心化金融體系的信任和安全問題的回應。比特幣的問世標誌著對中心化金融機構壟斷權力的一場挑戰，比特幣旨在構建一種去中心化的數位貨幣體系。然而，隨著區塊鏈技術的不斷演進，人們逐漸認識到，去中心化並非是區塊鏈唯一的設計選擇，並且，在某些情境下，區塊鏈並不能實現真正的去中心化。

事實上，區塊鏈技術的設計特性就決定了其在實現完全去中心化方面的侷限性。在公有鏈上，採用的共識機制，如工作量證明（PoW）或權益證明（PoS），的確在一定程度上保障了去中心化的特性。然而，這並不等同於整個區塊鏈網路的完全去中心化。在一些公有鏈中，礦池集中度較高，極少數幾個大型礦池掌握了絕大部分的運算能力，從而形成一種新型的中心化。此外，私有鏈和聯盟鏈等形式的區塊鏈更注重可控性和效率，因此在區塊鏈的初始設計與實際應用中，就可能採用中心化的管理機制。

這種中心化傾向不僅僅體現在網路結構上，也表現在實際應用的需求中。在一些商業場景中，為了提高交易速度和降低成本，一些區塊鏈專案選擇了權衡去中心化的手段，引入了一定程度的中心化元

素。例如，採用容忍拜占庭容錯演算法的共識機制，可能在一定條件下犧牲一部分節點的去中心化特性以保障整體性能。這種權衡是出於對實際業務需求和性能優化的考慮，但也引發了對區塊鏈去中心化程度的爭論。

除了無法保證去中心化，區塊鏈在安全性上也受到了越來越多的質疑。共識機制是區塊鏈安全性的基石，其中，工作量證明（PoW）和權益證明（PoS）是兩種常見的共識機制。這些機制的目標是確保網路上的節點就交易達成一致，並抵禦潛在的攻擊。然而，如果某個實體能夠掌握網路運算能力的 51% 以上，就可能對區塊鏈系統進行攻擊，這被稱為 51% 攻擊。

在 PoW 機制中，節點透過解決複雜的數學問題來競爭區塊的創建權。擁有更多計算能力的節點更有可能獲得創建下一個區塊的權力。如果攻擊者掌握了 51% 以上的運算能力，就能夠創建和控制比其他節點更多的區塊，從而實現雙花攻擊。在雙花攻擊中，攻擊者發送一筆交易用於購買商品或服務，然後在私下控制的分支鏈上創建另一筆交易，將相同的加密貨幣發送到自己的位址。由於攻擊者掌握了大多數運算能力，他們的分支鏈將成為主分支，替代原有的區塊鏈歷史，使得之前的交易無效。

在 PoS 機制中，節點創建新區塊的權力與其持有的加密貨幣數量相關。擁有更多加密貨幣的節點更容易被選中創建新的區塊。PoS 中的雙花攻擊類似於 PoW，攻擊者可以透過在私下創建替代分支鏈上的交易來欺騙網路。與 PoW 不同的是，PoS 中的攻擊者需要掌握 51% 以上的加密貨幣，以影響系統的共識。

對於小型區塊鏈網路而言，由於其相對較少的節點和運算能力，攻擊者更容易獲得 51% 以上的控制權。因此，小型區塊鏈網路面臨更大的 51% 攻擊風險。

另外，隨著量子計算技術的不斷進步，傳統的加密演算法面臨著新的挑戰。目前，區塊鏈網路廣泛採用的加密演算法，包括 RSA 和橢圓曲線加密，都基於當前電腦系統下難以解決的數學難題，從而提供了相對較高的安全性。但在量子計算等新興技術面前，目前區塊鏈所使用的複雜加密演算法技術可能顯得相對陳舊。

其中，RSA 演算法基於大整數的質因數分解難題，這一問題在傳統電腦下非常耗時，因此 RSA 被廣泛用於加密通信和數位簽章。而 Shor 演算法是一種基於量子計算的演算法，能夠在較短時間內解決大整數的質因數分解問題，從而破解 RSA 加密。量子電腦的出現可能會使得 RSA 演算法失去其原有的安全性，因為它能夠更快速地解決這一數學難題。

橢圓曲線加密（ECC）則是另一種在區塊鏈中廣泛使用的加密演算法，它基於橢圓曲線上的離散對數問題。這一問題在傳統電腦上也是相當難解的。然而，量子電腦的 Grover 演算法卻能夠在較短時間內解決這一問題。

此外，安全性方面，區塊鏈還可能面臨智慧合約漏洞、網路層次攻擊、硬分叉和軟分叉等問題。智慧合約是區塊鏈上執行的自動化腳本，但編寫和執行智慧合約可能存在漏洞。智慧合約的代碼品質直接影響系統的安全性，存在漏洞的合約可能被攻擊者利用，導致資產損失。區塊鏈網路則可能受到各種網路層次的攻擊，包括分散式拒絕服

務攻擊（DDoS）和網路分割攻擊。這可能導致網路延遲、交易失敗或節點分離，影響整個系統的穩定性和安全性。另外，區塊鏈還可能發生硬分叉（Hard Fork）或軟分叉（Soft Fork），這可能導致網路分裂，部分節點採用新的規則，部分節點採用舊的規則。這種分叉可能導致混亂和不確定性，也為潛在的攻擊提供了機會。

可以說，區塊鏈只是從 Web2.0 到 Web3.0 發展過程中的一種過渡性技術。真正的 Web3.0，必然不是基於區塊鏈技術來實現的，而是基於量子計算、量子通訊、星鏈技術、DNA 儲存技術、數位孿生等更前沿的這些技術來構建與實現。

總的來說，去中心化在實現上面臨著種種挑戰，這些挑戰既包括技術層面的問題，也涉及社會結構、權力分配以及人們對秩序的需求。人類社會的運行往往需要一定程度的規則和中心化機構來協調社會各方面的利益，應對突發事件，確保社會秩序的穩定運行。而只要人類社會存在著政府組織，存在著秩序運行，人類就不可能離開中心化。那麼，人們所期待的 Web3.0 究竟是什麼呢？

4.2 | 重新定義 Web3.0

今天，Web3.0 似乎卡在了一個尷尬的處境中。

一方面，Web3.0 的支持者認為，網際網路本就是主張開放、自由的，而現在大部分的網際網路大廠成了壟斷的代名詞，因此他們提出了新的主張──更加貼近網際網路誕生原意的去中心化的 Web3.0。

舊 Web3.0 和新 Web3.0　　**4**

　　另一方面，基於區塊鏈的去中心化卻依然如水中月、鏡中花，只要人類社會存在著政府組織，存在著秩序運行，人類社會就無法真正做到去中心化。這不僅是技術的侷限，更是人類社會秩序構建的必須。

　　Web3.0 就如同人類社會對於民主的追求一樣，一直在追求，一直在爭議，卻一直找不到完美的答案。

　　那麼，Web3.0 究竟是什麼？我們到底該如何定義 Web3.0？

4.2.1 Web2.0 問題的核心

　　人們之所以期待 Web3.0 的出現，正是因為對於 Web2.0 積怨已久，而人們之所以不滿於 Web2.0，其核心就在於資料權屬出了問題。簡單的說，就是我們的個人資料權被無情、無理的剝奪了。

　　在今天，沒有人會否認資料的價值，而資料之所以會具有價值，正是 Web2.0 發展的結果。Web2.0 的興起標誌著網際網路由靜態資訊的傳播進化為使用者生成內容（User-Generated Content, UGC）的時代，這一變革極大地推動了資料的產生、收集和利用，為資料價值的凸顯創造了有利條件。

　　在 Web2.0 階段，用戶不再只是網際網路的消費者，更是內容的創作者。社群媒體、部落格、線上論壇等平台讓用戶能夠輕鬆分享自己的觀點、生活和創意。這樣的使用者參與產生了巨量的使用者生成資料，形成了豐富多彩的數位內容，其中蘊含著使用者的興趣、需求和行為習慣。

這種使用者生成的資料成為了平台經濟中的寶貴資源。於是，大型科技公司就可以透過分析使用者資料，更好地理解市場趨勢，精準推送個性化服務和廣告，從而提升用戶體驗和平台的商業價值。使用者資料不僅為企業提供了洞察力，也成為了推動人工智慧和機器學習發展的原動力，進一步拓展了資料的應用領域。

　　這種資料驅動的發展模式使得網際網路成為一個巨大的資訊生態系統，各類資料交織在一起，呈現出複雜的網路關係。在這個過程中，資料不僅是商業價值的體現，更是影響社會運作、科學研究、政府決策等各個方面的重要因素。

　　如今，資料的價值已經得到了社會的認可和重視。可以說，資料，作為新生產要素實至名歸。然而，隨著資料量的逐漸增多，資料問題也逐漸成為焦點問題──與過去任何一種生產資料不同的是，資料既是生產要素，同時其本身也映射了某種社會關係，這使得人們對於資料的利用會產生相關的外部性問題。

　　比如，使用者的行為資料及人際互動數據涉及隱私與個人資訊保護。然而，現實情況是，這些明明由使用者產生的資料，卻並不屬於使用者，而是被中心化平台所壟斷。當我們使用各種平台時，這些平台往往強勢要求我們提供個人資料，以此交換使用權。然而，平台在免費獲取這些資料後，往往未經使用者同意便濫用行為數據，甚至導致隱私洩露、資料盜用等各種風險。

　　舉例來說，當我們在外送平台點了一份便當並完成付款後，平台指派外送員進行配送，交易至此結束。我們不僅收到了一份外賣，還創造了一項購買資料。這項資料中有我們的姓名、聯絡方式、配送地

址以及消費金額，還有我們的飲食口味等。不過這條資料雖然是我們創造的，但所有權並不歸我們，我們也不能用這條資料置換商品，也不能為我們帶來任何收益。所以，對於我們來說，這條被我們創造的資料並不是我們的資產。

那對平台來說呢？我們的這種行為資料卻是一種商品。平台可能會把我們的資料和周邊區域幾百幾千人的資料綜合在一起，產生各種豐富的維度，去進行資料加工、解釋、判斷。然後依據這些資料的累積，這個平台就知道我們點外賣的這片區域，應該配備多少外送員，在這裡開什麼樣的餐廳最賺錢，也會透過我們的口味，給我們精準的推薦更多適合我們的商品廣告。平台還能將這些資料商品化，或經過精準包裝後出售給商家進行廣告投放。換言之，當我們免費享用某項服務時，我們不僅是使用者，更實際上成為了產品本身。

不僅如此，這些資料不但不屬於我們，還有可能給我們帶來風險，想像一下，平台將數以百計、甚至數千計使用者的購買資料、配送地址、個人資訊等綜合在一起，形成了一個龐大的資料集。透過對這些資料的分析，平台能夠深入瞭解使用者所在區域的消費習慣、人口特徵以及需求趨勢。這為平台提供了寶貴的市場情報，幫助他們更好地規劃業務策略和資源配置，但也為隱私安全埋下了潛在的風險。

如果平台的資料安全措施不到位，未能及時發現和修補潛在漏洞，那麼這個巨大的資料池就可能成為駭客攻擊的目標。駭客可能透過各種手段，包括惡意軟體、社會工程學等方式，試圖獲取這些資料。一旦取得成功，大量使用者的個人資訊將被曝光，涉及姓名、聯繫方式、配送地址等敏感性資料。這為身分盜用、虛假交易等惡意活動提供了可乘之機。

資料洩露還有可能造成身分盜用和釣魚攻擊。獲得使用者的真實身分資訊後，不法分子可以利用這些資訊進行各種欺詐行為，包括申請貸款、開設虛假帳戶等。此外，透過精準的釣魚攻擊，攻擊者可以偽裝成合法的實體，誘使使用者提供更多敏感資訊，從而構成更大範圍的個人隱私洩漏。

可以看到，個人資料荷載了人格要素，但這些資料卻掌握在中心化的平台手中，由平台使用，而越來越多資料洩露、資料濫用等事件的發生，喚醒了人們的資料安全意識，人們控制個人資料的訴求也越來越強烈，人們開始意識到個體資料主權的重要性。

再加上在技術的推動下，人類社會開始進入一個數位孿生時代。在數位孿生時代，我們不再是純粹的生物人，而是基於生物人衍生出了一個數位孿生人。換言之，我們不再僅僅是肉體的存在，更是數位領域中的實體。數位孿生人的湧現將帶領我們進入一個數位主權的時代。

可以預見，在數位孿生時代，資料主權將受到越來越多的重視，人們終將認識到，個體和群體的資料不再僅僅是被動生成的資訊，更是一種獨立的身分和權益體現。數位孿生人的興起使得資料主權得以突顯，每個個體都成為數位領域中擁有自主權益的主體。這意謂著，我們對於個人資訊、行為資料等數位足跡的所有權和掌控權應當歸屬於我們自己。

在這種背景下，對當前中心化平台的資料壟斷的抗爭也就不意外了——人們試圖追求一種新的商業模式，這種模式將技術和使用者的資料主權視角作為核心出發點。這就是Web3.0誕生背後的真正理念，

即人們對數位主權的覺醒和對資料壟斷的反抗。人們期望 Web3.0 能夠從根本上改變了資料的流通方式，賦予個體更大的資料掌控權，使得資料不再僅僅是商業巨頭的資產，更成為個體和群體賦能的工具。

4.2.2 真正的 Web3.0 時代

可以說，Web3.0 的真正核心，就在於數位時代個人數位身分的主權化，這標誌著人類社會即將迎來一場深刻的變革和文明的再造。Web3.0 的到來，意謂著人類將從非數位化時代的公民人權，走向數位化時代個體的虛擬數位身分與行為的數位主權。

在過去以及現在我們所處的數位時代，我們在網際空間中的身分往往是被動的，受限於中心化平台的管控和資料壟斷。為了使用平台提供的功能，我們必須無條件的讓渡自身的資料權，並無條件的授權中心化的協力廠商平台管理與使用我們的行為與隱私資料。因此，我們在網際網路上留下的資料都被集中儲存和控制在各式各樣的大、中、小型平台手中，我們對自己數位身分的掌控相對較弱。而中心化平台公司在資料和內容許可權方面卻被賦予了巨大的權力和影響力，擁有使用者資料和所有使用者生成的內容的所有權，這也導致了使用者對於個人資訊的使用和安全缺乏足夠的自主權，並且嚴重的侵佔了個體的資料權利。

然而，未來，隨著 Web3.0 的崛起，數位身分得以主權化，我們將對自己的身分資訊和資料將擁有更大的掌控權。一方面，這種主權化的數位身分將為我們提供了更多的自主權。我們可以決定將哪些資料分享給哪些平台，以及是否願意參與某項服務或交易。數位身分的主

權化也讓我們能夠更加精準地管理自己的隱私，有能力避免過度的資料收集和濫用。比如，當我們決定購買一件商品時，我們可以選擇性地分享購物偏好和歷史記錄給商家，從而獲得更個性化的推薦和定製服務。在社群媒體平台上，我們可以決定是否對特定群體開放自己的動態、興趣愛好等資訊。在使用數位身分參與金融服務時，我們還可以根據自己的風險偏好和投資目標選擇合適的服務提供者，而不再受限於傳統金融機構的統一規定。

更重要的是這些行為資料與個人的隱私資料，包括在平台中所產生的資料，資料權都歸屬於我們自己，而並不歸屬於平台。

另一方面，在我們不再僅僅是資料的生成者和消費者，而是數位社會中更為活躍和獨立的參與者。我們有機會從自己的數位身分中獲取更多價值，參與到數位經濟和社交生態中，實現個人數位資產的個人化擁有和管理。

想像一下，未來，當我們在社群媒體上分享了一篇文章時，我們可以透過數位身分獲得內容創作的獎勵，而這些獎勵將直接記錄在你的數位身分中，形成可驗證的數位資產。這不僅能夠激勵個體更積極地創造有價值的內容，同時也建立了一種公正的價值分配機制，使得數位經濟更加公平和包容。

在這樣的背景下，Web3.0 有望推動人類社會進入數位主權時代，開啟更開放、平等、民主的數位新篇章。畢竟，在數位主權的框架下，每個個體都能夠成為網際空間中的獨立參與者，自主決策自己的數位行為。這種開放性使得資訊更加自由流動，並促進知識的傳播和

共用。我們可以更自由地選擇參與數位經濟、社交網路，更靈活地掌握自己的數位身分。

可以說，真正的 Web3.0 是一個關乎人類社會進步和文明再造的時代標誌。透過數位身分的主權化，個體在數位時代中獲得了更多的掌控權，數位主權的實現使得社會進入了一個更加開放、平等和民主的文明時代。這一變革不僅改變了個體在數位社會中的地位，也為社會權力結構和價值觀念帶來了深刻的影響，推動著人類社會在數位化時代的不斷前行。

4.3 數位身分的主權化之路

在現代社會中，身分是處理實體關係的入口，是建構社會秩序和運作的基石。對實體身分資訊進行判別和認證，並為實體提供與其身分匹配的服務，是社會關係的一種重要模式。

然而，隨著網際網路的出現與普及，傳統的身分觀念逐漸發生了變化，並演進出了另一種表現形式，即數位身分。數位身分個體在網際空間中的獨特標識和表徵。它不同於傳統的實體身分，而是基於數位技術和網路平台的虛擬身分。

當然，數位身分也經歷了漫長的發展階段，從中心化身分到聯盟身分，再到以使用者為中心的數位身分，而自我主權的數位身分將成為數位身分的基本形式，也是 Web3.0 的最重要特徵。

4.3.1 數位身分的到來

身分或主體性是在表徵、自我表徵、身分類別的界定、自我與行為屬性之間的聯繫，以及在日常生活中接近和理解「存在」的方式。個體的身分構建不僅受到生理特徵的影響，還受到文化、語境、社會環境等多方面因素的塑造。

我們每個人從出生起便擁有自然身分，自然身分是在特定語言、媒體和文化中由範疇或劃分形成的身分座標，如性別、種族、民族、階級劃分和性取向，以及國籍、公民身分、教育背景、社會經濟地位、教育經歷和職業，所有這些坐標系與記憶和經驗共同構成了個體的自我認知。在傳統的自然身分理解中，個人身分是個體的性別、皮膚、身高等生理特徵以及在實際生活交往中所形成的社會性身分，包括職業、地位、語言、信仰等社會特徵。

當然，自然身分並非僅限於個體的物質特徵，還需要透過一定的手段得以呈現，比如個人身分證或護照——事實上，個人身分證或護照的發行才使得自然身分在脫離個體的物質載體中呈現，並能夠將自然身分轉換為表徵資訊實現資料的統計和傳播。其中，身分證號更是成為識別個人自然身分的唯一憑證，代表著個體在社會結構中的位置。

在很長一段時間內，物理世界的身分就是我們唯一的身分表現形式，但過去幾十年裡，隨著網際網路的發展和普及，數位身分開始成為數位時代個人的新的身分形態。所謂數位身分，其實就是個體在網路空間中進行身分驗證和身分標識的一種數位化表示。簡單來說，數位身分就像是我們在數位世界可驗證的「身分證」。

在美國國家標準與技術研究院（NIST）的《數位身分準則》中，數位身分被描述為「線上交易參與者的唯一身分證明」。我們也可以把數位身分理解為一系列屬性，數位身分可以在不同的情境下唯一識別我們和我們的設備，從而向內部或外部實體證明我們是合法使用者，並且具有特定系統或資料的存取權限。

很多人可能還是覺得數位身分很虛幻，但其實在過去的三年裡，我們在一定的時期內都接觸過，那就是各種形式的健康碼。

比如，在中國大陸，健康碼是「國家政務服務平台」提供的防疫健康資訊碼，其本質就是將人與資訊緊密結合進而創造出一個數位孿生人。當然，健康碼更像是人體數位孿生的 1.0 版本，距離真正意義的人體數位孿生還有一段路要走。數位孿生，顧名思義，就是「數位雙胞胎」，簡單來說，數位孿生就是在一個設備或系統的基礎上，創造一個數位版的「複製體」。這個「數位複製體」被創建在資訊化平台上，是虛擬的，數位孿生體最大的特點在於，它是對實體物件的動態模擬。也就是說，數位孿生體是會「動」的。

在疫情剛剛爆發時，由於沒有有效的方式將個人的身分資訊、交通資訊、健康資訊有效的整合，政府需要在各地出入口設立關卡，個人需要逐一填寫資訊登記、進行資訊申報等，費時費力。而健康碼卻能發揮巨大的資訊互通作用，它使得個人可以「隨身攜帶」自身相關的數位化資訊標籤，從一定意義上，使我們每個人成為「數位孿生人」。

如果用一句話形容健康碼，可以說是「一人一碼，三色管理」。一人一碼得以實現，依賴於從三個維度來獲取個人歷史資料資訊。第一個維度是空間，個人去過的地點都得以記錄，地點精確到市區、鄉鎮，能夠判斷個人是否經過疫區、離疫區的遠近；第二個維度是時間，個人去過地區的每個時間點都得以記錄，能夠判斷去過疫情地區的時間及停留時長；第三個維度是人際關係，個人是否密切接觸過其他敏感人員也是判斷標準之一。從三個維度對個人實現的全程追蹤，使得個人資訊被立體式孿生構建，於是，在數位世界，我們每個人都有了一個這樣的數位身分。

　　除了健康碼以外，我們日常生活中還有很多「數位身分」的應用。比如，用手機支付大眾交通工具，在首次使用手機支付時，就需要臉部辨識驗證身分認證，並且透過輸入密碼，進行「支付」動作。再比如，公司上班，需要登入 OA 系統開始工作，其主要透過簡訊驗證、電子郵件驗證、帳號密碼等方式進行帳號認證，安全度較高的企業還會選用身分認證的方式，保證員工本人對應帳號操作，從而保障安全登入。

　　數位身分不僅包含出生資訊、生物特徵等身分資訊，也包含交易、娛樂、工作等不同屬性的資訊，事實上，數位身分的形成在很大程度上就依賴於個體在網際網路上的活動、互動和資料產生。透過線上平台、社群媒體、電子商務等，個體在網際空間中留下了豐富的資訊痕跡，這些資訊包括但不限於個體的興趣、喜好、社交關係、消費行為等。這種身分模式將個體的資訊、行為和特徵以數位化的方式呈現，為網路社會中的個體提供了新的身分認知和建構方式。而物理世

界的身分資訊和在網際網路留下的數位足跡相互補充完整就是屬於每個人的數位身分。

4.3.2 數位身分的演進

數位身分是傳統身分的另一種表現形式，是我們在數位世界的「孿生體」。當然，隨著技術的發展，數位身分也不斷發展。

事實上，在網際網路發展初期，TCP/IP 通訊協定的設計僅提供了設備間的通訊識別，卻未建立專門供使用電腦的人與組織使用的身分系統。因此，人們只能不斷為使用者的網路身分補強，比如借助 IP 位址、MAC 位址、網域名稱、Email 地址、電話號碼，甚至產品序號等作為通訊識別與身分驗證方式。然而，由於網際網路本身缺乏內建的可靠身分識別機制，導致數位身分容易被冒用，進而引發身分洩露與盜用問題，這也成為身分詐騙、網路犯罪及隱私威脅的根源。

沒有數位身分的自我可控，沒有數位身分的自由遷徙能力，沒有數位身分的唯一性，沒有數位身分的個人歸屬權，不僅會帶來身分欺詐和個人隱私資訊保護的問題，更談不上個人數位資產了 —— 即便在過去，人們並不清楚個人數位資產的意義。但今天，隨著每個人在數位世界留下越來越多的數位足跡，以及個人資料量的不斷增長，個人的數位資產價值越來越凸顯。

於是，沿著數位身分控制權的邏輯，我們可以把數位身分的演進分為大致四個階段，分別是中心化數位身分、聯盟數位身分、以使用者為中心的數位身分以及自我主權身分。其中，自我主權的數位身分不僅是數位身分的終極階段，也是 Web3.0 希望達到的終極願景。

具體來看，中心化數位身分是由單一的權威機構進行管理和控制的，現在網際網路上的大多數身分還是中心化身分。

在中心化的身分管理體系中，每個數位身分生來就屬於某個組織或平台，使用者無法控制與自己身分相關的資訊，也無法決定誰有權訪問個人身分資訊，以及來訪者能擁有多少存取權限。使用者數位身分，可能會隨著中心組織的失敗而消失或失效，也可能會因為身分機構管理不善而大規模洩露。

以健康碼為例，作為數位孿生人的 1.0 版本，健康碼就是由政府部門負責發放和管理的。在這一模式下，個體使用者的數位身分資料儲存於中心伺服器，這使得使用者在身分資訊的使用和控制上缺乏主動權。使用者無法決定誰有權訪問其健康碼資訊，也無法精確掌握這些訪問者所擁有的許可權。

這也帶來了個體隱私權洩露的風險，由於中心機構擁有對使用者身分資訊的絕對掌控權，一旦發生資料洩露、機構濫用權力或不當訪問，用戶的個人隱私就可能受到潛在威脅。雖然健康資訊的敏感性使得使用者更加關注其隱私安全，但中心化模式的侷限性可能導致使用者的健康資料容易受到攻擊或濫用。

比如，2022 年就爆發了中國河南某村鎮銀行儲戶莫名被賦紅碼的事件。先是在河南村鎮銀行暴雷之後，作為受害者的儲戶們想要前去河南，討回存款或者尋求當地監管部門幫忙，就是這個過程中，許多儲戶發現自己在沒有途徑疫情高風險地區的情況下，健康碼變成紅色。甚至有的儲戶，都沒有踏入河南，就在外地莫名「喜提紅碼」。整個事件複盤起來，可以說是既清晰又撲朔迷離。清晰的部分就在於，

被河南賦予紅碼的，基本上都是這個村鎮銀行暴雷事件的儲戶們，似乎跟大家的行動軌跡並無關係；而讓人覺得撲朔迷離的是，沒有人知道這個紅碼到底是誰加到儲戶們頭上的，又是怎麼加到儲戶們頭上的──河南衛健委推給市一級的大數據管理局，而大數據管理局又推給鄭州疫情防控指揮部，疫情防控指揮部也語焉不詳。

另外，對於中心化數位身分來說，數位身分的生成權、解釋權和儲存權也都歸身分服務機構所有，而身分的使用權由中心化機構和用戶共用。使用者要以每個應用為單位，面對無數身分中心創建完全獨立的數位身分，使用者需要管理多身分和多金鑰。根據企鵝智酷的調查，對所有帳號採用同一套密碼的使用者占了 14.9%。根據 Balbix 的報告，超過 99% 的使用者使用相同的密碼來訪問多個帳戶。而在健康碼的應用過程中，就有類似的場景，比如，用戶在前往不同城市時，可能就需要使用不同的健康碼，而這些健康碼則由當地政府管理，因此使用者需要頻繁切換和提供相同的健康資訊。

面對中心化數位身分的難題，聯盟數位身分開始出現了。聯盟數位身分的核心思想是多個機構或聯盟共同管理使用者的身分資料。這種協同管理有助於整合和統一使用者的身分資訊，避免了在中心化身分管理中存在的資訊碎片化和混亂問題。使用者的身分資料得以更加完整、一致地被管理，為用戶提供了更為統一和清晰的數位身分。

聯盟數位身分模式賦予了使用者身分資料的可攜性，在這個模式下，使用者的身分資訊不再受限於單一平台，而是可以在不同聯盟成員之間自由流動。這意謂著使用者可以更便捷地在各種服務和應用之間共用身分資訊，而無需頻繁地重新創建和驗證身分。QQ、微信或者

微博的跨平台登入就是一個典型的例子，用戶可以透過一次登入獲取多個平台的服務，提高了數位身分的使用便利性。此外，聯盟數位身分模式還增強了使用者的互通性。由於多個機構或聯盟共同參與，使用者的身分資訊得以在不同系統和服務中更好地協同運作。這種互通性不僅提高了使用者的數位身分的靈活性，也為用戶提供了更為綜合和全面的服務體驗。

儘管聯盟數位身分模式在提高資訊整合性、可攜性和互通性方面取得了一定的成功，但聯盟數位身分仍是中心化的數位身分，這一模式通常被網際網路巨頭壟斷，存在壟斷企業單點登入限制問題，而且平台通常需要重新收集使用者資訊。這其實就是 Web2.0 的今天我們常常會遇到的問題，聯盟中的中心化機構仍對使用者身分資料具有絕對的掌控權，以至於引發了一系列安全和隱私方面的擔憂。用戶仍需在聯盟內部註冊和驗證身分，其數位身分的生成、解釋和儲存權仍在聯盟的掌控之中。

在這樣的背景下，去中心化的數位身分的概念應運而生。

4.3.3 自我主權的數位身分

去中心化的數位身分代表了數位身分管理的更為進階的階段，主要分為兩個階段，以使用者為中心的數位身分和自我主權數位身分。

以使用者為中心的數位身分則將重點集中在去中心化上，是建立以用戶為中心的身分體系，試圖賦予使用者對自己數位身分的控制權，透過授權和許可進行身分資料的共用。以使用者為中心的數位身

分尤其關注使用者授權和互通性兩個要素。透過授權和許可，使用者可以決定從一個服務到另一個服務時共用一個身分。

比如 OpenID 技術，用戶理論上可以註冊自己的 OpenID，自主使用。OpenID 透過允許使用者使用一個身分標識在多個不同的服務和網站上登入，實現了身分資料的分散管理，減少了對中心化機構的依賴。在 OpenID 發佈後的 2008 年，Facebook Connect 透過提供更友好的使用者介面而大獲成功，但這也讓其更加偏離了以用戶為中心的理念，更加寡頭化了。

而自我主權的數位身分才是真正意義上的去中心化的、完全由個人所擁有和控制的身分。自我主權身分是數位身分管理的終極階段，也是 Web3.0 追求的核心理念。在自我主權身分模式下，個體完全擁有並掌控自己的數位身分，不再受制於任何中心化機構或聯盟。個人可以自主管理身分的生成、儲存、驗證和共用，無需透過協力廠商機構的干預。可以說，自我主權的數位身分，將推動我們每個個體的身分、資產和資料完全回歸個人，讓我們離「效率、公平、信用、價值」的網際網路夢想更近一步。

作為企鵝智酷的一種概念，自我主權的數位身分基於一種用於身分管理的信任機制。這種身分管理包括一種身分和訪問管理的方法，它允許人們在沒有登記處、身分提供者或認證機構等協力廠商的情況下生成、管理和支配個人身分資訊（PII）──PII 被認為是可以用來直接或間接識別特定個人的私人敏感性資料。通常來說，它結合了姓名、年齡、住址、外貌、公民身分、就業情況、信用記錄等。

4-29

除了 PII，構成使用者主權數位身分的資訊還包括來自線上電子設備的資料，例如使用者名稱和密碼、搜索歷史、購買歷史等。有了使用者主權數位身分，使用者只需提供驗證資訊便可支配自己的 PII。使用者主權數位身分管理支援一種身分信任機制，在該機制下，一種透明而安全的互動得以實現。

值得一提的是，在現階段，自主身分（SSI）的概念是使用者主權數位身分理念的核心。其中，區塊鏈、可驗證憑證（VC）和去中心化標識（DID）則是 SSI 的三個主要組成部分。區塊鏈是一個去中心化的數位資料庫，是在網路電腦之間複製和分佈的交易帳本，其記錄資訊的方式使其難以被篡改或攻擊。VC 實現防篡改、加密安全及憑證驗證，它們貫徹 SSI 並保護使用者資料。它們可以代表紙質憑證中的資訊，例如護照或許可證，以及沒有物理等效物的數位憑證，例如銀行帳戶的所有權。

DID 則是一種新型識別字，作為一種新的身分標識，DID 由傳統的中心化身分衍化和派生出來，指去仲介化，個人或組織完全擁有的自身數位身分的所有權，控制權以及管理權，將這部分權利完全歸於使用者自身。DID 的重點是去中心化，然後才是身分。它們由用戶創建，歸用戶所有，獨立於任何組織。DID 旨在讓使用者擁有對個人數位身分絕對的支配權和所有權。

除了植根於區塊鏈、DID 和 VC 的 SII，用戶主權的身分架構還包含了另外四個要素——創建 DID 並收到可驗證憑證的持有者；用私密金鑰簽署可驗證憑證並將其發放給持有者的發行者；檢查憑證並能在

區塊鏈上讀取發行者公共 DID 的驗證者；此外還有一個為整個系統提供動力的使用者主權數位身分錢包。

但未來，數位身分構建將更多地依賴於生物識別技術，如人臉識別、聲音識別、指紋識別等。這標誌著數位身分的演進進入了一個更加全域化和個體化的階段。相較於當前的 DID（去中心化身分）技術，未來，基於個體生物識別技術所構建的數位身分將更加便捷和安全。

在 DID 模式中，使用者透過去中心化標識建立自己的身分，強調使用者對身分資料的完全控制和所有權。然而，這種模式仍依賴於區塊鏈等技術，使用者需要管理自己的數位身分。而生物識別技術則透過識別個體的生理或行為特徵，如面部、聲音或指紋等，為用戶提供更為便捷的身分驗證方式。這種全域化和個體化的方式將使得數位身分更為準確、生動，同時避免了對傳統資訊的依賴。

不僅如此，基於生物識別技術的數位身分還提高了數位身分的安全性和便捷性。生物特徵作為身分驗證的手段，具有較高的獨特性和難以偽造性，從而提高了數位身分的安全性。與傳統的使用者名稱密碼等方式相比，生物識別技術更難以被冒用，有效降低了身分盜竊和欺詐的風險。同時，生物識別技術的無感知性和高效性也使得自我主權的數位身分更為便捷，使用者在使用數位身分時，無需記住複雜的密碼，也不需要頻繁輸入和更新密碼，只需透過生物特徵即可完成身分驗證。

自我主權的數位身分提供了一個極具想像力的未來，過去，資料所有權的歸屬意謂著資料收費的選擇權。當資料歸屬於中心化的平台時，是由平台選擇如何變現平台上產生的用戶行為或者個人喜好等資料，比如 Google 選擇將吸引用戶注意力的搜索結果拍賣給出價最高的廣告商，亞馬遜透過用戶購買行為推斷出用戶孕期的可能並出賣消息給母嬰產品的銷售廠家給使用者精準推送廣告，用戶成為了平台出售的產品來獲得利益，而我們能夠免費的使用平台的產品和服務，實際上是因為我們的行為資料被平台收集後產生了收益補貼了平台的成本甚至獲利。

而未來當使用者擁有資料主權時，使用者就能拿回資料交易的選擇權。我們可以在資料交易所選擇出售相關資料，也可以選擇不出售。當個體擁有了各自的資料主權之後，讓我們的資料主權不被中心化平台所侵佔之後，我們就能在 Web3.0 時代，在大數據時代，在人工智慧時代，最大程度的逃離被演算法統治的困境。

在 Web3.0 時代，不同於中心化平台作為連接資料生產者和使用者的仲介並從中作為資料的搬運工去交易資料價值，我們每個人都是連接資料生產者和消費者的資料市場的一環。這也將為數位社會帶來深刻變革，一個更為自由、平等和民主的數位化未來有望到來。

5 CHAPTER

如何實現 Web3.0？

5.1 人工智慧，加入 Web3.0

我相信大多數人對人工智慧對於 Web2.0 的影響，都已經有了深刻的體會。比如，透過深度學習和大數據分析，人工智慧演算法能夠準確地理解使用者的行為、興趣和偏好，從而實現高度個性化的內容推薦和服務。無論是社群媒體平台、電商網站還是新聞應用，都能夠透過智慧演算法為使用者提供定製化的體驗。再比如，搜尋引擎透過深度學習和自然語言處理技術，也能夠實現更加智慧化和精準的搜索結果。用戶能夠享受到更加個性化、符合實際需求的搜索體驗。

可以說，在 Web2.0 階段，人工智慧對整個網路生態系統都產生了深刻的影響，並帶來了多方面的優化和增強。而人工智慧對網路生態的影響也將從 Web2.0 延續到 Web3.0，並為 Web3.0 注入了新的活力，甚至成為 Web3.0 的支撐技術。

或者可以說，人工智慧技術將是 Web3.0 的關鍵基礎技術之一，沒有人工智慧技術的融合，就無法實現真正的 Web3.0。其核心原因就在於，當個人的資料主權化之後，疊加我們由腦機介面、數位孿生等技術催生的龐大資料，這些資料已經遠超我們人類能夠處理的能力範圍。面對龐雜的海量資料，我們必然需要藉助於人工智慧來協助我們進行相應的資料管理工作。

5.1.1 對龐大資料的深度分析

通俗而言，人工智慧就是對人類智慧的模擬，而資料、演算法和運算能力則是人工智慧的三要素。人工智慧的本質，其實就是利用先

進的演算法和強大的運算能力對龐大的資料進行深度分析、篩選、加工、合成等。其中，資料是人工智慧發展的基石和基礎，演算法是人工智慧發展的重要引擎和推動力，運算能力則是實現人工智慧的一個重要保障。

既然人工智慧是對人類智慧的模擬，那麼，如果想要人工智慧也像我們人類一樣聰明，就必須要經過一定的學習，因為我們人類也只有經過漫長的學習和接受教育，才能逐漸理解這個世界，並做出相應的決定。我們的學習，靠的是書本，或者是老師的教授和指導，人工智慧想要學習，就需要依靠資料。可以說，資料就是人工智慧的書本。

也就是說，人工智慧如果要像人類一樣獲取一定的技能，需要依靠資料來進行不斷地訓練。只有經過大量的訓練，人工智慧才能總結出規律，應用到新的樣本上。如果現實中出現了人工智慧從未遇見的場景，那麼人工智慧就只能處於盲猜狀態，正確率可想而知。比如，需要人工智慧識別一把勺子，但在資料集中，勺子總和碗一起出現，人工智慧學到的，很可能就是碗的特徵。再經過這樣的訓練，如果新的圖片只有勺子，沒有碗，依然很可能被分類為碗。所以，只有資料覆蓋到各種可能的場景，才能得到一個表現良好的模型，使人工智慧實現智慧。

再來看演算法，從字面意義上解釋，演算法就是用於計算的科學方法，透過這種方法可以達到預期的計算結果。人工智慧的演算法就是一連串的計算步驟，用來將輸入資料轉化成輸出結果，是一種有限、確定並適合用電腦程式來實現的解決問題的方法。根據不同的演算法，我們輸入一個或一組的資料，就會產生出一個或一組答案。機

器學習演算法是目前人工智慧的主流演算法，是一類從資料分析中獲得規律，並利用規律對未知數據進行預測的演算法。機器學習演算法主要分為傳統的機器學習演算法和神經網路演算法，神經網路演算法快速發展，其中最熱門的分支就是深度學習，而以 ChatGPT 為代表的 AI 大模型的技術本質，其實就是深度學習。

事實上，幾千年來，從遊牧社會、農業社會、工業社會到資訊社會，人類社會一直面臨的重大挑戰之一，就是如何在不確定性的環境中進行決策。正如《韓非子》所言：「智者決策於愚人，賢士程行於不肖，則賢智之士羞而人主之論悖矣。」在最初的農業社會裡，人們往往透過占卜來進行決策，宗教是人類面對不確定性的環境中進行選擇的依靠。面對一觸即發的部落戰爭，出征前面對戰爭結果的無常，部落首領、諸侯國王們求助龜殼裂紋、星象占卜，以預測等各種重大事件的走向，指導重大決策。

人類對科學認知的進步為人類社會帶來了科學的決策。比如，決定火箭的發射，就需要計算發射視窗期，要計算月球跟地球的距離，要預測未來天氣的變化，選擇飛機的外形和材料，就需要基於風洞試驗等空氣動力學規律，所有的這些所有都是基於科學的決策。

而在人工智慧時代，演算法就是智慧技術的發展和成熟為人們的決策帶來的最新的選擇。於是，根據資料，演算法能夠對未來（明天、後天）風機的風力發電量進行準確預測；演算法能夠幫助美國 Uptake 公司對卡特彼勒工程機械運行狀態進行預估，實現產品全生命週期的服務；演算法能夠為新零售企業盒馬鮮生當天新鮮的產品的選

品進行決策；演算法也能根據不同使用者的需求與偏好，打造專屬的個人化首頁，提供更精準的推薦服務。

最後，再說說運算能力。運算能力實際上就是人工智慧計算能力，人類文明的發展離不開計算能力的進步。在原始人類有了思考後，才產生了最初的計算。從部落社會的繩結計算到農業社會的算盤計算，再到工業時代的電腦計算。人工智慧除了訓練需要運算能力，運行在硬體上也需要運算能力的支撐。

研究人體的生物學家會告訴我們，人的大腦裡面有六張腦皮，六張腦皮中神經聯繫形成了一個幾何級數，人腦的神經突觸是每秒跳動200次，而大腦神經跳動每秒達到14億億次，這也讓14億億次成為電腦、人工智慧超過人腦的拐點。人類之所以會擁有如此聰慧的頭腦，離不開大腦的精密運算。從這個意義來講，運算能力也是人類智慧的核心。

基於龐大的資料、先進的演算法和強大的運算能力，人工智慧就能做出精準的決策和分析，甚至擁有完全不屬於人類的能力，這對於Web3.0具有重要意義。

5.1.2 Web3.0 需要人工智慧

人工智慧對 Web3.0 的價值顯而易見。

事實上，即便是在當前，在人們基於 Web2.0 以及區塊鏈技術對未來 Web3.0 的設想裡，人工智慧都是 Web3.0 非常重要的支撐技術。

在資料分析和智慧決策方面，人工智慧可以為 Web3.0 網路提供更高效和安全的資料分析和智慧決策。比如，人工智慧可以透過分析網路流量資料來預測網路需求，並且可以透過動態調整網路資源配置來提高網路效率。此外，人工智慧還可以透過對資料進行分析，從而提高網路的安全性。Twitterscan 是其中的代表案例，它是一個透過對鏈上資料進行分析處理的 Web3.0 AI 平台，Twitterscan 服務於很多 Web3.0 領域的人，幫助他們去瞭解最新的項目、投資等行為。它利用了 Web3.0 技術提供的鏈上資料資源，以及人工智慧提供的資料分析能力，從而為用戶提供了有價值的資訊。

智慧合約作為一種基於區塊鏈技術的自動執行和記錄交易的程式，人工智慧也可以為 Web3.0 創造更加智慧和靈活的智慧合約，從而實現更複雜的業務邏輯和交易流程。比如，人工智慧可以透過對合約內容進行分析，從而實現自動化、可程式設計、可驗證的合約。此外，人工智慧還可以透過對合約執行結果進行分析，從而實現合約優化和改進。Stability AI 是一個開源人工智慧公司，它就使用區塊鏈技術來保護 AI 模型的所有權、隱私和安全性，並且透過智慧合約來激勵 AI 開發者和貢獻者。它利用了 Web3.0 技術提供的資料安全和激勵機制，以及人工智慧提供的智慧模型，從而為人工智慧領域創造了一個新的生態。

此外，人工智慧也可以為 Web3.0 開發更加智慧和人性化的去中心化應用（DApps），從而實現更好的用戶體驗和用戶價值。比如，人工智慧可以透過對使用者資料進行分析，從而提供用戶推薦、使用者交互、使用者服務等。此外，人工智慧還可以透過對 DApps 內容進行分析，從而實現 DApps 的優化和改進。Mirror 是一個建立在 Arweave 上

的去中心化部落格網站，它允許用戶使用加密貨幣來創建、發佈和贊助內容，並且保證內容永久儲存和不可篡改，Mirror 就利用了 Web3.0 技術提供的內容所有權和儲存機制，以及人工智慧提供的內容分析和推薦能力，從而為用戶提供了一個新的創作平台。

但長遠來看，人工智慧對於 Web3.0 更重要的價值，則在於為個人主權的數位身分提供強大的技術支援。透過先進的資料分析演算法，人工智慧能夠從龐大、複雜的個人資料中提取有意義的資訊，進而實現對數位身分的精準建模。這對於 Web3.0 的發展至關重要，因為個人主權的數位身分是數位社會的基石，它不僅僅代表了個體的身分認同，更關乎個體在網路世界中的權利和利益。而人工智慧的加入這有助於打破傳統身分驗證的限制，使得數位身分更加準確、全面地反映個體的真實特徵。

人工智慧還為個性化的服務提供了支援。透過對基於數位身分的個人資料的深度分析，人工智慧可以更好地瞭解個體的興趣、偏好、習慣等資訊，從而為其提供個性化的智慧助手服務。

比如，人工智慧可以透過分析個人的瀏覽歷史、社群媒體活動、購物記錄等資料，瞭解個體的興趣愛好和消費習慣。基於這些資料，智慧助手可以為個人推薦符合其口味和喜好的產品、服務或內容，幫助個體更快地找到所需的資訊或商品，提高消費體驗的個性化程度。人工智慧還可以透過分析個人的日常行為和工作模式，瞭解其工作習慣和時間安排。基於這些資料，智慧助手可以為個人提供定製化的時間管理和任務規劃建議，幫助個體合理安排時間、提高工作效率，從而更好地實現個人和職業生活的平衡。

人工智慧還可以透過分析個人的健康資料和生活習慣，瞭解個人的健康狀況和生活方式。基於這些資料，智慧助手就可以為個人提供個性化的健康管理和生活指導，包括定製化的健康飲食建議、個人化的運動計畫以及定期的健康檢查提醒，幫助個體保持身心健康，提高生活品質。

人工智慧還可以在資料商品化方面發揮重要作用。在 Web3.0 時代，資料將成為一種重要的商品和資源，個人和機構可以透過出售自己的資料來獲取收益。人工智慧可以幫助個人和機構對資料進行即時清理、篩選和包裝，使其更具有商業價值。同時，人工智慧還可以透過資料分析和預測技術，幫助個人和機構發現潛在的商業機會和市場需求，實現資料的最大化利用和價值挖掘。

在資料安全監管方面，人工智慧也將發揮重要作用。毫無疑問，在 Web3.0 時代，資料安全將成為一個至關重要的議題，個人和機構都需要保護自己的資料免受侵犯和濫用。人工智慧可以透過資料加密、隱私保護和安全監管等技術手段，幫助個人和機構確保其資料的安全性和隱私性。同時，人工智慧還可以透過即時監測和分析技術，發現和應對潛在的安全威脅和風險，保障資料在 Web3.0 時代的安全和可信度。

可以看到，人工智慧在以個人主權為特徵的 Web3.0 中的價值和影響是多方面的。它不僅提供了技術手段支援數位身分的構建，更加強了個性化、安全性和隱私保護等方面的優勢，為 Web3.0 中個人主權的數位身分開創了更為廣闊的發展前景。

5.1.3 Sora 時代迫切需要 Web3.0

2024 年 2 月 15 日 OpenAI 對外正式發佈了一個產品，不過這次並不是發佈 GPT-5，而是文字生成影片的 AI 模型 Sora。這是 OpenAI 公司正式發佈了他們的首個文本 - 影片生成模型 Sora。從公佈的資訊來看，Sora 能夠根據文本提示創建詳細的影片，擴展現有影片的敘述，並從靜態圖像生成場景。簡單來說，之前的 ChatGPT 只是停留在文本內容的生成階段，而 Sora 則是基於對人類文本的理解之後自動生成相應的影片內容。

相比較於文本和圖像的生成模型來說，文本 - 影片生成模型的難度更高，首先要讓模型能夠精準的理解文本內容，並且能夠精準的將文本內容抽取並生成相應的視覺內容；其次還需要克服資料品質、運算能力和多融合技術的複雜性等多個挑戰。然而，跟之前的 ChatGPT 一樣，OpenAI 的 Sora 一經推出就展現了強大的實力。根據 OpenAI 官方的說法，Sora 是理解和模擬現實世界的模型基礎，他們相信這個功能將成為實現通用人工智慧（AGI）的重要里程碑。

面對 Sora，馬斯克表示「人類願賭服輸」，而當前的 AI 影片第一應用 Runway 的聯合創始人發出了「game on」的感慨。業界對 Sora 的評價更是高漲，稱其為「炸裂」、「史詩級」，甚至說「現實不存在了」。

那麼，Sora 到底有什麼獨特之處呢？Sora 模型的本質就是一個文本 - 影片生成產品，根據簡短或詳細的提示詞或一張靜態圖片，Sora 能夠生成類似電影的逼真場景，包括多個角色、不同動作和背景細節等。簡單來說就是，輸入一句話，AI 就會根據描述生成一段影片。在 Sora 發佈的 48 個展示影片中，其中兩個就能讓我們直觀的感受到了 Sora 的實力。比如，AI 想像中的中國龍年春節，人山人海，有許多好奇的孩子舞龍隊伍抬頭觀看，還有很多人拿出手機拍照，影片中有大量的人物角色表現出各種行為。

再一個例子是，一位時尚女性穿著黑色皮夾克、紅色長裙和黑色靴子走在東京街道上，她戴著太陽眼鏡，塗著紅色口紅，拎著黑色錢包，走路既自信又隨意。東京街道剛下過雨，濕漉漉的，反射著彩色燈光，形成了鏡面效果，就連細節都考慮的非常周到與逼真。

相比現有的 AI 影片模型如 Runway、Pika，Sora 展示了超出預期的能力，主要表現在以下三點。首先，影片長度大幅提升，Runway、Pika 等模型只能生成不到 10 秒的影片，而 Sora 的影片長度突破了 60 秒。其次，影片內容更加穩定。相對於其他模型單一的鏡頭視角和內容高度失真，Sora 的影片能夠實現單一影片的多角度鏡頭切換，最大限度地還原真實場景，保持了合理的連貫性。最後，是深刻的語言理解能力，Sora 能夠深入識別使用者的指令，在生成的影片中呈現出豐富的表情和生動的情感，並且展現出對物理世界規律的理解。

總的來說，Sora 解決了過去 AI 影片模型所被批評的許多問題，它能夠生成更清晰、更逼真的畫面，幾乎達到了數位孿生的效果。並且還具備了更加準確的理解能力和邏輯理解能力，生成結果更加穩定和一致。很顯然，這種文本 - 影片化的理解能力與邏輯理解能力對於我們人類來說，並不是一件容易培養的能力，在我們人類社會通常需要進行專門的訓練才能擁有與具備這種精準、精美的藝術化的表達與呈現能力。

目前，Sora 已經成為最強大的 AI 影片生成模型。從技術角度來看，Sora 之所以能超越同行，是因為它採用了一種新的架構——擴散 Transformer 模型。與 Runway、Pika 等主流 AI 影片模型不同，Sora 的模型結合了擴散模型和自迴歸模型的雙重特點。在這種新的模型架構中，OpenAI 沿用了之前大型語言模型的思路，提出了使用視覺補丁作為影片資料訓練影片模型的方法。簡單來說，就是將影片和圖片切割成許多小塊（即視覺補丁），OpenAI 透過這種方式將視訊壓縮到低維空間，然後利用擴散模型來模擬物理過程中的擴散現象，生成內容資料。生成的影片一開始看起來像靜態噪音，然後透過多個步驟去除噪音，逐步轉化為影片。如果說 2023 年是語言大模型元年的話，那麼 2024 年 OpenAI 將推動行業進入 AI 影片生成元年。

Sora 的這種超真實，或者說在朝著數位孿生地球方向構建的 AI 影片生成技術的突破，對於我們人類社會的知識形成、知識獲取以及人類學習模式的改變，都將帶來深遠的影響與挑戰。我們可以最簡單的思考，就以當下，人類大量的資訊與知識的獲取來源於書本、影視以及短影音等，並且書本在人類知識獲取過程中，尤其是在進入社會之後的學習中，所占的比例越來越低。相反的，透過網際網路的方式，尤其是短影音所獲取的知識比重越來越高。

那麼當 Sora 具備了這種超真實的影片合成能力，疊加其背後的 ChatGPT 又擁有超強的文本編寫能力，兩者疊加之後，就意謂著不論是從文字內容，還是影片內容方面 AI 都將佔據主導權，並且 AI 可以根據自己的理解，以及 AI「認為」我們的認知偏好來生成相應的內容並且不斷的推送給我們，這就會在根本上影響我們人類的認知。

在沒有 Sora 這項技術出現之前，人類其實已經在 Web2.0 時代陷入了大數據的迷途中，我們已經在演算法的深度偽造之下，在很大的程度上影響了個體與群體的認知。尤其是當網際網路資訊在一些區域被人為的操控之後，藉助於各種 AI 生成工具製造大量的虛假資訊投放到網際網路平台，再結合使用者資料資訊就能實現精準的資訊推送，藉此達到有效的認知影響，或者我們也可以理解為認知戰。

當前的這種資訊戰與認知戰，隨著 Sora 的出現與技術推動，將會更趨於嚴重。而要想解決這個問題，根本就在於真正的 Web3.0 的實現。也就是說，當我們進入到資料主權時代之後，不論是人，或者物，包括機器人與人工智慧所產生的資料都會被打上標籤，都會有明確的資料權屬，當然人類可能會形成一種新的共識，就是剝奪機器人與人工智慧所形成的資料主權，並讓這些資料免費給人類使用與分享。當然，關於機器的資料主權這個是另外一個話題。

也就是說，當我們進入 Web3.0 時代，當一切的資料都被打上標籤，都有權屬與來源的時候，此時任何形式的 AI，不論是文本還是影片，當它在生成相應內容的時候，它的參考資訊是來自於自身的創作、編造，還是來自於我們人類，以及來自於誰所發表的內容，都會在生成的過程中被標注出來，主要我們注意查看就能明白這些內容的來源。這就會在很大的程度上幫助我們人類有效的應對被演算法的單方面盲目統治，至少我們在 Web3.0 時代是非常清晰的知道自己所接收的資訊是來自於機器，或是來自於人類，以及非常清晰的知道我們所面對的這些機器學習背後的資訊源，這樣就能非常有效的幫助人類保持自身與資訊之間的邊界。

5.2 量子計算，先破後立

談到 Web3.0 的未來，區塊鏈和量子計算似乎是其中最受人關注和最具爭議的兩項技術。就目前而言，人們對於 Web3.0 的設想都是基於區塊鏈技術展開的，但在我看來，量子計算的進步可能會進一步促使區塊鏈走向終結，因為量子計算可以破解最先進的區塊鏈加密技術。這似乎把量子計算推向了 Web3.0 的對立面。

區塊鏈的本質是一種更為複雜的加密技術，目的就是為了給大數據時代的資料安全提供更加可靠的安全保障。因此，可以說區塊鏈技術即是大數據時代的必然技術，也是大數據時代的過渡性技術。我可以非常明確的說，在我們真正的進入 Web3.0 時代，一定不是基於區塊鏈這種加密技術為基礎的去中心化技術，而是基於量子計算與量子通訊為載體的去中心化時代。

事實上，如果我們真正站在前沿技術發展的視角來思考 Web3.0 時，就會發現，量子計算和 Web3.0 之間的關係其實也並不是對立的。因為區塊鏈並不是未來 Web3.0 的支撐技術，而量子計算卻能夠實現真正的去中心化運算能力，量子通訊能夠真正的實現無法破解的安全性，並將在 Web3.0 階段扮演至關重要的角色。

5.2.1 量子計算會終結區塊鏈嗎？

當前，量子計算已經成為了前沿科技領域的焦點之一。作為未來運算能力跨越式發展的重要探索方向，量子計算具備在原理上遠超古典計算的強大平行計算潛力。

古典電腦以比特（bit）作為儲存的資訊單位，比特使用二進位，一個比特表示的不是「0」就是「1」。但是，在量子計算裡，情況會變得完全不同，量子計算以量子位元（quantum bit）為資訊單位，量子位元可以表示「0」，也可以表示「1」。並且，由於疊加這一特性，量子位元在疊加狀態下還可以是非二進位的，該狀態在處理過程中相互作用，即做到「既1又0」，這意謂著，量子計算可以疊加所有可能的「0」和「1」組合，讓「1」和「0」的狀態同時存在。正是這種特性使得量子計算在某些應用中，理論上可以是古典電腦的能力的好幾倍。

可以說，量子計算最大的特點就是速度快。以質因數分解為例，每個合數都可以寫成幾個質數相乘的形式，其中每個質數都是這個合數的因數，把一個合數用質因數相乘的形式表示出來，就叫做分解質因數。比如，6可以分解為2和3兩個質數；但如果數字很大，質因數分解就變成了一個很複雜的數學問題。1994年，為了分解一個129位的大數，研究人員同時動用了1600台高端電腦，花了8個月的時間才分解成功；但使用量子計算，只需1秒鐘就可以破解。量子電腦強大的計算能力帶來的改變將是翻天覆地的，因此，中科院的潘建偉院士曾說：「我相信量子技術在21世紀的重要性可與上個世紀的曼哈頓計畫相比。」

那麼，為什麼說量子計算會終結區塊鏈呢？我們已經知道，區塊鏈是一種規則，也是一種技術，它的核心就是安全和可靠。目前，全世界區塊鏈技術的最著名的應用就是比特幣。

要理解量子計算對於區塊鏈的威脅，還得從比特幣系統中的安全協定說起，比特幣的協定涉及兩種類型的密碼學，即挖掘過程中使用的散列函數（雜湊函數）和用於在區塊鏈上提供數位簽章的非對稱密碼術。

礦工們利用其計算能力，使用 SHA-256 雜湊函數為每個區塊計算一個亂數，這個過程所得到的結果非常容易被驗證，但是很難被找到。而不對稱密碼術則用於授權比特幣區塊鏈上的交易，整個鏈上的每個使用者都會被分配一個公開金鑰和一個私密金鑰，這就是公開金鑰密碼系統（Public Key），公開金鑰密碼系統使用一對金鑰來加密資訊：可以廣泛共用的公開金鑰和只有金鑰所有者才知道的私密金鑰。任何人都可以使用預期的接收者公開金鑰加密消息，但只有接收者才能使用其私密金鑰解密消息。

這樣的非對稱密碼演算法使用稱為橢圓曲線數位簽章演算法（ECDSA）來生成金鑰，給定一個私密金鑰，很容易推導出相應的公開金鑰，但是，反過來計算困難。這就是比特幣為什麼安全的原因。

而量子計算可能會對這兩道安全防線產生巨大威脅，未來，量子電腦就能很快破解雜湊函數，從而壟斷整個區塊鏈。量子電腦的秀爾演算法（Shor's algorithm）也有望在十分鐘（600 秒）內破解金鑰。

這對於區塊鏈無疑是巨大的衝擊，量子計算的出現，意謂著區塊鏈曾經引以為傲的安全的、可靠的、堅如磐石的基礎可能就此摧毀，而基於區塊鏈所設想的 Web3.0 也難以為繼。

5.2.2 實現去中心化的計算

事實是，今天大多數人，或者一些文章所擔心的量子計算和 Web3.0 的對立在未來都不會出現，究其原因，區塊鏈並不是 Web3.0 的未來，相反，如果我們真正站在前沿技術發展的視角來思考 Web3.0 時就會發現，如果要實現自我主權的數位身分的 Web3.0 時，量子計算反而是其中關鍵的技術。

究其原因，首先，作為一項顛覆性的技術，量子計算將給 Web3.0 時代帶來真正的去中心化計算。目前，傳統的電腦都是依賴於中心化的資料中心和雲端服務提供者，使用者需要透過這些中心化的伺服器來獲取計算資源和處理資料。

而當前之所以依賴於中心化的運算能力，核心原因就在於端的運算能力有限。就以當前最先進的智慧終端機設備 Apple 手機來說，儘管它的運算能力已經達到了普通電腦的能力，但它依然無法承受更加龐大的資料儲存、運算與處理。然而，隨著量子計算技術的發展，基於量子晶片，個人使用者在自己的智慧終端機上就可以完成大部分計算任務，而無需依賴於中心化的伺服器和雲端服務。

這一轉變意謂著個人用戶將擁有更大的控制權和自主性。我們完全可以利用自己的智慧設備進行高性能計算，無需將資料發送到外部伺服器進行處理，從而避免了資料傳輸過程中的潛在風險和安全隱患。

個人使用者還可以根據自己的需求和偏好，靈活地配置和管理計算資源，實現更加個性化和定製化的計算體驗。我們可以透過自己的智慧終端機參與到各種計算任務和專案中，為科學研究、商業應用和

社會發展提供更多的計算資源和支援。比如，一個對環境保護感興趣的個人可以利用自己的智慧手機參與到氣候模擬和預測專案中，為科學研究提供計算資源和支援。或者，一位對醫學研究感興趣的人可以透過個人電腦參與到藥物設計和基因組學研究中，為醫學科學的發展貢獻力量。這將促進計算資源的更加廣泛和公平的分配，推動科技創新和社會進步。而透過個人用戶的積極參與，計算資源將更加廣泛地分佈到社會各個領域，促進科技創新和社會進步。與此同時，這種個人參與的模式也將推動計算資源的更加公平和公正的分配，減少了傳統計算資源集中在少數機構和企業手中的現象，從而促進了科技研究的多樣性和創新性，為社會發展帶來更多的可能性和機遇。

其次，量子計算的發展還將推動端對端的資料連接與交互成為可能。傳統的資料交互通常需要透過中心化的伺服器進行中轉和處理，在這種模式下，使用者之間的資料傳輸需要透過網際網路上的伺服器進行中轉，這些伺服器由各種服務提供者或平台管理和營運。這意謂著資料的安全性將受到協力廠商的控制和影響。如果資料在傳輸過程中被駭客攻擊或竊取，就會導致使用者的隱私資訊洩露或敏感性資料被盜取的風險。中心化伺服器本身也可能成為攻擊目標，一旦伺服器被攻破，其中儲存的大量使用者資料就會面臨洩露的風險。並且，由於資料經過伺服器中轉，這些伺服器管理者可能會對資料進行監視、分析或篡改，以獲取使用者的個人資訊或操控使用者的行為。

但基於具有強大性能但量子計算，個人終端卻可以直接參與資料交互和處理，無需依賴於中心化的伺服器。個人使用者可以透過自己的智慧設備直接與其他使用者或設備進行資料通信，實現了資料交互的端對端連接。這種模式下，資料不再需要經過協力廠商中轉，減少

了資料被篡改、竊取或監視的風險，提高了資料的安全性和隱私保護水準。

量子計算的潛力不容小覷，而對於 Web3.0 來說，如果我們只是站在 Web2.0 的視角下去思考量子計算與 Web3.0 的關係，我們並不能真正理解量子計算的意義和價值。但如果我們能夠站在一個更前沿的視角，基於前沿科學來思考量子計算和 Web3.0，我們就會發現，量子計算對實現真正的去中心化運算能力、推動端對端的資料連接與交互有多麼重要。

尤其是基於量子計算技術的量子晶片，它不僅會讓智慧終端機進一步的微型化，並且每一個智慧終端機在搭載了量子晶片之後都是一台超級電腦，都具有龐大的計算能力。這也就意謂著真正的端對端的去中心化運算能力時代的到來，而端資料的終端化也能在一定程度上助力資料主權的個人化保護。

5.3 量子通信，徹底改變未來通信

能夠通信是網際網路的基礎。顯然，現代通信協定和技術為追求互聯世界提供了巨大的機會。但其中一些根本性的問題也使數位時代無法充分發揮潛力。比如互通性、資料所有權和隱私安全等問題。

為此，技術人員也將希望寄託於區塊鏈技術，希望區塊鏈技術能夠為互通性、資料所有權和隱私提供潛在的解決方案。但隨著量子計算的迅猛發展，區塊鏈曾經許諾的安全、可信任的通信也受到了嚴峻挑戰。

在這樣的背景下，量子通信開始崛起。量子通信不僅有望解決互通性、資料所有權和隱私等關鍵問題，徹底改變數位通信，更是憑藉去中心化的特性，有望賦予使用者對其資料的所有權。

5.3.1 難以解決的通信問題

受制於傳統通信的技術侷限性，互通性、資料所有權以及隱私安全等，一直都是通信行業難以解決的問題。這也成為了從 Web2.0 邁向 Web3.0 的技術阻礙。

互通性指的是不同系統、平台或設備之間能夠無縫地相互通信、交換資料和共用資源的能力。互通性通常涉及不同軟體、硬體或網路設備之間的相交互操作，使它們能夠有效地協同工作，共同實現某種功能或目標。比如，遊戲 PC 通常由不同製造商和不同軟體公司生產的不同元件組成，但它們仍然作為一個整體協同工作。可以說，互通性是數位化時代中不同系統、平台和設備之間實現無縫連接和協同工作的關鍵能力，它有助於促進資訊的共用和流通，提高系統的靈活性和可擴展性。

然而，基於傳統的通信技術，互通性卻往往難以實現。缺乏統一的標準和通信協議是互通性問題的根本原因之一。由於缺乏統一的資料格式和通信協定，不同平台之間的資料交換和通信變得困難。比如，一個社群媒體平台可能使用一種特定的資料格式來儲存使用者資訊，而另一個電子商務平台可能使用完全不同的格式。這種情況下，要實現這兩個平台之間的資料交換就需要進行複雜的資料轉換和映射，增加了開發和整合的難度。

另外，各個數位平台之間的技術差異也導致互通性問題的原因之一。不同平台可能使用不同的程式設計語言、資料庫技術和網路通訊協定，這導致了系統架構和資料處理方式的差異，這使得不同平台之間的資料交換和通信更加複雜，增加了整合和協作的難度。

資料所有權也是 Web2.0 階段老生常談的一個問題。在目前的通信服務中，使用者通常在使用各種服務時需要接受服務條款，這些條款可能授權服務提供者對使用者資料進行收集、儲存、處理和共用。由於這些條款通常是以複雜和冗長的法律術語表述，用戶往往難以全面理解其中的內容，從而無法準確評估自己資料的使用情況和風險。這種情況就導致了資料所有權的不明確和模糊化，在這種情況下，使用者對自己資料的掌控權大幅降低，資料的使用和流動往往不受用戶的直接控制，容易導致資料被濫用或侵犯個人隱私。

在資料權屬不明確，使用者難以掌握自己資料的使用和流動的情況下，隱私保護更是無從談起。

區塊鏈的出現讓人們看到了希望，這也是現階段人們對未來 Web3.0 所有期待的基礎 —— 開發人員可以使用區塊鏈創建鏈上消息傳遞和互連方法，依靠點對點（P2P）網路通訊協定進行消息傳輸。區塊鏈似乎成為了解決這些通信挑戰的一種有前景的方法。

但是，區塊鏈也有缺點，包括缺乏即時通信和去中心化以及網路延遲。區塊鏈的即時通信能力受到限制，消息傳送速率較慢，主要是由於區塊鏈的設計架構和共識機制所帶來的固有特性所致。在區塊鏈網路中，每個節點都需要對交易進行驗證和記錄，並透過共識演算法達成一致，這導致了消息傳輸的延遲和速度下降。特別是在大規模交

易場景下,區塊鏈網路的性能可能會受到嚴重影響,無法實現快速的消息傳輸和處理。

而區塊鏈的去中心化特性則有可能導致網路的延遲問題。儘管去中心化可以提高資料的安全性和可信度,但也帶來了節點之間通信的複雜性和延遲。由於資料需要在多個節點之間進行傳輸和驗證,這可能導致通信過程變得緩慢和不穩定。特別是在網路負載較大或節點故障時,區塊鏈網路的延遲問題可能會更加突出,影響到通信的效率和可靠性。

另外,當前的區塊鏈本質上是基於複雜加密演算法構建的,多帳本機制使得資料佔用的空間增加,造成了不必要的資源浪費。每個節點都需要保存完整的區塊鏈資料副本,這導致了儲存資源的浪費和資料冗餘的增加。尤其是隨著區塊鏈網路規模的擴大和資料量的增加,這種資源浪費問題可能會進一步加劇,影響到區塊鏈網路的性能和可擴展性。

5.3.2 徹底改變通信未來的技術

雖然區塊鏈技術為解決傳統對通信挑戰提供了新的思路和可能性,但顯然,區塊鏈並不是完美的,依然存在諸多侷限性和技術問題。事實上,從通信技術的發展來看,真正具有潛力和能夠變革通信行業的技術,還是量子通信。

量子通信其實就是一種利用量子糾纏效應進行資訊傳遞的新型的通信方式。量子糾纏是量子力學中一個極為奇特並且深奧的現象,它描述了兩個或多個量子粒子之間存在的一種神秘聯繫,這種關係使它

們的狀態相互依賴，即使它們被分開，也無法完全獨立地描述每一個粒子的狀態。這就意謂著，當我們觀察一個粒子的狀態時，它將瞬間影響到與其糾纏在一起的粒子，不論它們之間的距離有多遠。當然，量子糾纏是只會作用於量子系統裡，而在古典力學中，並不存在這種現象。舉個例子，假如一個自旋為零的基本粒子發生了衰變，衰變成以相反方向自旋的粒子，一個向上，另一個向下。當我們測量其中一個粒子時，如果測量到的自旋方向為上，那麼另外一個粒子的自旋方向必定為下，反之亦然。

理論上不管多遠，量子糾纏現象都能發生，也就是說，不管把這兩個粒子分開有多遠，哪怕分別位於宇宙的兩端，只要我們對其中一個粒子進行測量，比如說得到的自旋方向為上，那麼立刻就能知道另外一個粒子的自旋方向為下。這種瞬間的聯繫超越了常規的物理理論，甚至不受光速限制，能夠瞬間傳遞資訊。

不過，量子通信並不是直接透過量子糾纏傳遞資訊，而是因為量子同時具有不可複製和測量坍縮的特點，量子通信正是透過這一特點對資訊進行理論上絕對安全的加密，這是目前所有的通信技術都無法做到的，也是量子通信最大的優勢。

在古典物理學中，我們可以輕鬆地複製一個比特（0或1）的狀態。比如，如果有一個比特的狀態為0，我們可以簡單地創建另一個比特，使其狀態也為0。這是因為在古典情況下，資訊是以可複製的方式傳輸和處理的。然而，量子力學中的情況完全不同。不可複製性定理表明，如果我們嘗試複製一個未知的量子態，我們必然會破壞原始態，使得複製後的量子態與原始態不再完全相同，也就是「測量坍縮」。

由於量子的不可複製性，攻擊者無法在未被察覺的情況下複製傳輸的量子位元。這意謂著即使攻擊者能夠攔截傳輸的量子位元，他們也無法複製它們以後繼續監視或分析。而量子的測量坍縮現象確保了一旦有人嘗試在傳輸過程中測量或干擾量子位元，就會導致量子糾纏態坍縮。

如果我們在電磁波資訊裡夾雜一些量子糾纏態的粒子，那麼一旦竊密者要竊聽資訊，首先就會觸發量子糾纏態坍塌，而這種坍塌在發送者那裡就能同時出現，從而引起發送者和接收者的警覺，而停止該通道的發送。同時，由於竊密者在竊聽資訊的過程中，觸發了量子糾纏態的坍塌，其所能獲得的資訊並不是傳輸過程中的資訊態。

相較之下，到目前為止，大部分的通信都只能管到資訊的可靠傳輸，而不管資訊的安全性，資訊安全性還要靠密碼實現，目前的常規通信多採用加密技術解決安全通信問題。但密碼總存在被破譯的可能，尤其是在量子計算出現以後，採用並行運算，對當前的許多密碼進行破譯幾乎易如反掌。

具體來看，在傳統密碼學中，需要秘密傳遞的文字被稱為明文，將明文用某種方法改造後的文字叫作密文。將明文變成密文的過程叫加密，與之相反的過程則被稱為解密。加密和解密時使用的規則被稱為金鑰。現代通信中，金鑰一般是某種電腦演算法。

早期的密碼學採用對稱加密技術。在對稱加密中，資訊的發送方和接收方共用同一個金鑰，這個金鑰用於加密和解密資訊。解密演算法是加密演算法的逆過程。雖然這種方法簡單且技術成熟，但存在一個嚴重的問題：金鑰的安全傳遞。

為了保證通信的安全，金鑰必須透過另一條安全的通道傳遞給接收方。一旦金鑰被攔截，通信的內容就會被曝露。這個問題促使密碼學家尋找更安全的解決方案，於是非對稱加密技術應運而生 —— 區塊鏈中就大量使用了非對稱加密。

在非對稱加密技術中，每個參與通信的個體都擁有一對金鑰：公開金鑰和私密金鑰。公開金鑰用於加密資訊，而私密金鑰用於解密。加密演算法是公開的，但解密演算法是保密的。由於加密和解密不對稱，發送方和接收方也不對稱，因此稱為非對稱加密技術。

重要的是，從私密金鑰無法輕易計算出公開金鑰，但從公開金鑰很難得到私密金鑰。這意謂著加密是容易的，但解密卻非常困難，正向操作容易，逆向操作困難。

目前最常用的非對稱加密演算法之一是 RSA 演算法。RSA 演算法由羅納德·李維斯特（Ron Rivest）、阿迪·薩莫爾（Adi Shamir）和倫納德·阿德曼（Leonard Adleman）發明，並以他們姓氏中的第一個字母命名。RSA 演算法基於一個簡單而重要的數論事實：將兩個質數相乘容易，但將其乘積進行因式分解卻非常困難。舉個例子，計算 $17 \times 37 = 629$ 是很容易的，但是反過來，給出一個數字 629，要找出它的因數就困難得多。尤其是隨著數值的增大，正向計算和逆向計算的難度差距將急劇增大。

對於古典電腦而言，破解高位數的 RSA 密碼幾乎是不可能的任務。一個每秒鐘能夠進行 1012 次運算的機器，破解一個 300 位元的 RSA 密碼需要 15 萬年。但這對於量子電腦來說，卻是易如反掌的事情。使用秀爾演算法（Shor's algorithm）的量子電腦，只需不到幾秒鐘就能輕鬆破解一個 300 位元的 RSA 密碼。

5-25

可以看到，現代的密碼分析和電腦硬體的發展，尤其是量子計算的發展，對資訊安全構成了嚴重威脅，即便是區塊鏈技術也難以面對這樣的挑戰，因此，想要在 Web3.0 時代保證通信安全，歸根究柢，還是要靠量子通信。

不僅如此，基於區塊鏈的通信還有一個問題，就是多帳本機制導致的資源浪費。在區塊鏈網路中，每個節點都需要保存完整的區塊鏈資料副本，以便驗證交易和參與共識過程。這意謂著隨著區塊鏈網路規模的擴大和資料量的增加，每個節點所需儲存的資料量也會不斷增加。例如，比特幣和以太坊等公共區塊鏈網路的資料量已經非常龐大，對節點的儲存資源提出了巨大的挑戰。

這種儲存資源的浪費和資料冗餘問題會影響到區塊鏈網路的性能和可擴展性。首先，隨著資料量的增加，節點需要消耗更多的儲存空間來儲存區塊鏈資料，這可能會導致儲存資源的不足和成本的增加。其次，由於每個節點都需要保存完整的資料副本，這會導致網路中存在大量的資料冗餘，增加了網路傳輸和同步的負擔，降低了整個網路的效率和回應速度。特別是在公共區塊鏈網路中，由於參與者眾多且資料量巨大，這種資源浪費問題可能會進一步加劇，使得區塊鏈網路面臨著性能瓶頸和可擴展性挑戰。

量子通信就沒有這樣的問題。比如，透過量子通信中的量子隱形傳態，就可以資訊的直接傳輸，而無需傳輸實際的量子位元 —— 量子隱形傳態是在量子通道上將量子位元從甲方傳給乙方，直接實現資訊的傳遞。傳統的資料傳輸方式往往需要在傳輸過程中複製和傳輸實

際的資料比特，這會導致資料的冗餘和重複，增加了儲存和傳輸所需的資源。而量子隱形傳態則透過量子糾纏和量子測量的原理，使得資訊可以直接傳輸至目標節點，而無需在傳輸路徑上傳輸實際的量子位元，從而避免了資料在傳輸過程中的冗餘和重複，減少了儲存和傳輸所需的資源。

相較於傳統通信技術，或者是區塊鏈技術，不管是在安全性、速度、容量、延遲還是穩定性方面，量子通信都具有明顯優勢。隨著量子通信技術的不斷發展和成熟，可以預見，在 Web3.0 時代，量子通信將逐漸取代傳統的通信技術，成為未來數位化社會的主要通信基礎設施。

5.4 DNA 儲存，Web3.0 的儲存未來

進入 Web3.0 時代，資料將迎來再一次的爆發。可以預見的是，隨著個人主權的數位身分時代的到來，每個人每天都將產生大量的資料，這些資料涵蓋了個人的日常生活、工作、社交、健康等各個方面。

資料的指數增長也讓資料儲存的需求爆增。畢竟，龐大的資料需要足夠的儲存空間。但今天，不管是以硬碟驅動器或雲端儲存服務為主的中心化儲存，還是基於區塊鏈的非中心化儲存，都難以滿足 Web3.0 時代到來下資料的儲存需求。為了支撐 Web3.0 的到來，現在，我們也必須重新思考資料儲存的根本問題，其中，DNA 儲存則有望成為未來的儲存方案。

5.4.1 儲存技術之變

從磁帶到 USB，已經有各式各樣的記憶媒介被開發出來。不過，今天，更多的資料被保存在資料中心裡。目前，地球上大約有 10 萬億位元組的數位資料，每天，人類產生的電子郵件、照片、推文和其他數位檔案加起來還有 250 萬千百萬位元組的資料。大部分數據儲存在稱為艾位元組資料中心（1 艾位元組為 10^{18} 位元組）的巨大設施中，這些資料中心可能有幾個足球場那麼大。然而，一個儲存量為 10 億 GB 的大型資料中心，占地可達數個足球場，建設和維護成本高達 10 億美元。也就是說，光是儲存這些海量資料，就需要花費巨大的空間及金錢成本。並且，現在資料產生的速度，還遠遠超過我們生產這些儲存介質的速度。這意謂著，我們需要更多的儲存空間來容納這些資料，但是現有的儲存方式已經無法滿足需求。

不僅如此，目前，以硬碟驅動器或雲端儲存服務為主的儲存，更多還是中心化儲存，也就是說，資料集中儲存在少數幾個大型資料中心或雲端服務提供者的伺服器上。而平台們之所以願意為高昂的儲存和維運費用買單，正是因為平台擁有這些龐大的資料，並能夠利用這些資料為使用者提供各種增值服務，進而獲取利潤。

但中心化儲存的問題也是顯而易見的，最直接的就是飽受詬病的隱私風險和安全問題。由於資料集中儲存在少數幾個中心化節點上，因此，一旦出現故障或遭受攻擊，將會導致資料遺失或洩露的風險。並且，由於資料交換和訪問都需要經過中心化平台的授權和管理，這就導致使用者的資料控制權和資料主權受到了限制。中心化儲存模式還容易受到監管機構和協力廠商機構的監視和干預，可能會損害使用者的隱私權和資料安全性。

為了克服隱私安全等問題，去中心化儲存應運而生，這也是目前 Web3.0 發展過程中所採用的儲存方式。現階段 Web3.0 的發展是由分散的區塊鏈推動的，這些區塊鏈可以提供對雲端儲存的更大可訪問性，而不會帶來任何安全風險。在 Web3.0 儲存範例中，檔案儲存在電腦網路上，而不是儲存在單個伺服器上。由於沒有中央機構控制平台，用戶可以自由選擇自己的儲存提供商，比如 Storj、IPFS、Ankr、Filecoin 和 Arweave 等，而這些儲存方案各有利弊。

IPFS 通常被認為是 Web3.0 世界中最早、最廣泛的去中心化儲存方案。任何人都可以運行一個自己的 IPFS 節點，並接受來自全球各地使用者的資料儲存請求。該網路本身是完全免費的，不需要進行任何的註冊就可以開始使用。

但顯然，世上沒有免費的午餐。當檔案上傳到 IPFS 節點時，該檔案僅存在於該節點上，IPFS 協議不會自動複製檔案的副本。因此，其他節點可以自行選擇是否複製上傳的資料。在沒有激勵的情況下，除了道德原則外，很難堅持這樣操作。對於那些經常被訪問的資料而言，這並不是一個大問題，因為當資料透過其他節點時，實際上相當於儲存了一個副本，充當一種緩存形式。然而，對於不經常被訪問的資料而言，IPFS 就像一個中心化的儲存庫，因為沒有足夠的動機去複製和儲存這些資料。

但是 IPFS 受到了大家的歡迎，因為它並不需要認證和支付就可以使用，特別是在去年 NFT 爆發之後。在 YouTube 上進行搜索時，幾乎所有的 NFT 教程都利用 IPFS 來儲存中繼資料。但其中一個問題是，當儲存資料的節點離線導致中繼資料檔案丟失後，會發生什麼？

要知道，IPFS 的去中心化特性意謂著資料儲存在網路的許多節點上，而不是集中在單個伺服器上。這種設計使得資料更具穩健性，因為即使某些節點離線，其他節點仍然可以訪問資料。然而，對於 IPFS 上的資料來說，只有當至少一個節點在網路上線上時，資料才會保持可用狀態。如果儲存資料的節點全部離線，那麼資料就無法訪問，這也包括 NFT 中繼資料。因此，雖然 IPFS 提供了去中心化的儲存解決方案，但仍然存在單點故障的風險，需要適當的備份和冗餘措施來確保資料的可靠性和持久性。

IPFS 的創建者 Protocol Labs 也非常清楚 IPFS 缺乏激勵機制的問題。在這樣的背景下，Filecoin 誕生了，這是一個建立在 IPFS 之上的激勵網路。Filecoin 建立了一個儲存市場，網路上的礦工透過提供儲存空間和檢索頻寬來收取費用，官方稱之為儲存交易。

但這又帶來了一個經常會發生的問題。如果 NFT 的創建者停止支付中繼資料的儲存費用，那麼他們的資料將被清除。在這種情況下，NFT 所有者不會收到任何告警也無能為力。Filecoin 也很難直接用於面向使用者的應用程式中。在後端服務中可以方便使用，在用戶端的前端應用程式中就有一點問題，但 Web3.0 大部分項目都有前端的使用需求。

Arweave 則是一個去中心化的儲存鏈。相比之下，IPFS 好 Filecoin 都不是採用區塊鏈的架構。因此 Arweave 繼承了不可篡改、交易永久存在的所有區塊鏈屬性。礦工們在經濟上被激勵去儲存整個區塊鏈（Arweave 區塊鏈）的完整副本。與 IPFS 相比，Arweave 上的礦工更有動力去複製資料。與 Filecoin 相比，資料儲存只需要支付一次，因此可

以認為是永久儲存的。訪問 Arweave 上的資料也比直接從 Filecoin 上檢索資料快得多。不過，儘管 Filecoin 利用 IPFS 作為其緩存層以實現快速訪問，但是也需要 1-5 個小時才能完成。

此外，Arweave 還有一個區塊鏈都存在的問題：出塊時間。比特幣出塊時間大約是 10 分鐘；以太坊是 10 秒。Arweave 大約是 2 分鐘。考慮到 Arweave 可以有高達 1GB 的區塊容量時，這是合理並能接受，但當涉及到用戶體驗時，就是另外的情況了。如果使用者只想上傳少量的資料，例如一個 200KB 的 PDF 檔，但需要等待 2 分鐘才能得到一個區塊的確認，這就會大幅影響用戶的體驗。

不僅如此，在 Arweave 上傳資料，使用者必須提供他們的私密金鑰。事實上，無論是與 Arweave 上的 DApp 交互還是上傳資訊到 Arweave，使用者都必須以某種方式給出或上傳他們的私密金鑰。這就可能給用戶帶來一個巨大的安全風險。

在這樣的背景下，如果我們想要通往真正的以使用者主權的數位身分為核心的 Web，就必須要有新的介質來解決儲存難題。

5.4.2 DNA 儲存的價值

顯然，在 Web3.0 時代，隨著大量的決策資訊和個人主權資料被數位化，對儲存的需求將會大幅增加。然而，目前的中心化儲存技術和去中心化儲存技術都面臨著諸多挑戰，包括高昂的成本、資料安全性、以及資料可靠性等問題。於是，面對當前儲存的困境，人們開始將目光轉向了更先進的生物儲存 —— DNA 儲存技術。

DNA 儲存最大的特點，就是資訊密度非常高。要知道，人類基因組包含大約相當於 750MB 的資訊，這麼多資訊就儲存在一條比細胞還小的 DNA 上，DNA 不僅能完整記錄所有遺傳訊息，還能精確指導我們的身體發育，例如決定鼻子的生長位置、眼睛的顏色，甚至影響特定蛋白質的合成方式。

其中，每個基因都是用四個字母的 DNA 文字寫成的線性資訊序列──組成 DNA 的基本單元是去氧核苷，每個去氧核苷都帶有一個鹼基，而鹼基共有四種類型，分別是腺嘌呤、鳥嘌呤、胸腺嘧啶和胞嘧啶。而線性序列是一種常見且高效的資訊儲存和傳遞方式。

我們日常讀到的這些單詞和句子就是基於線性序列的，就連電腦、手機所用的代碼也都是程式設計師用線性序列編寫的。這些不同的代碼都是以數位方式來儲存資訊的，即以少量數位的不同組合來儲存。英語使用 26 個基本「數位」，即字母表裡的字母；電腦和智慧手機使用 1 和 0 的不同組合；同理，DNA 的數字就是 4 個核苷酸鹼基。如果用 0、1、2、3 各代表一個鹼基，就可以組成一個四進制的儲存方式。

數位代碼最重要的優勢就在於，它們很容易從一種編碼系統翻譯成另一種編碼系統。細胞將 DNA 編碼轉換為 RNA，再轉化為蛋白質就是基於這樣的翻譯過程。在翻譯中，它們將遺傳信息轉化為實際動作，其無縫銜接的靈活方式是任何人類工程系統都無法比擬的。

電腦系統必須將資訊「寫」到不同的物理介質上才能對其加以儲存，而 DNA 分子本身就是「資訊」，這令它成為更簡明的資料儲存方式。正是因為認識到這一點，科學家們才設法開發將資訊編碼在 DNA 分子中的方法，以最穩定且節省空間的方式儲存資訊。

DNA不僅可以儲存資訊，而且資訊衰減和損耗幾乎為零。2019年，據《連線》雜誌報導，科學家透過一種含有DNA資料的材料，用3D列印的方式製造出一隻塑膠兔子。結果顯示，即使切下這隻塑膠兔子的尾巴，也可以在尾巴的DNA資訊中製造出一隻一模一樣的塑膠兔子。究其原因，則是因為DNA儲存可以提供大量的資訊密度和超常的半衰期。

　　如今全球每年產生的資料需要4180億個1TB的硬碟才能放下，而把這些資料儲存在DNA上，僅僅需要1千克DNA物質。不僅如此，依靠生物鹼基不同的排列方式，這些資訊還可以在-18℃的環境儲存100萬年之久。相比之下，紙張會腐爛，硬碟會降解，甚至連石頭也會風化，DNA卻可以徹底無視這些物理過程，保留人類文明的知識和歷史。

　　DNA分子的高密度和長期穩定性也使其成為一種理想的儲存介質，可以在極小的空間內儲存大量的資料，並且能夠在數百萬年的時間內保持資料的完整性，這將實現儲存成本的大幅降低。畢竟，相比傳統的硬碟驅動器或雲端儲存服務，DNA儲存不需要大型的資料中心和昂貴的維護費用，因為DNA分子可以在微觀的空間內儲存大量資料，並且不需要持續的能源供應。

　　要知道，在Web2.0階段，網際網路巨頭們之所以願意為高昂的儲存和維運費用買單，是因為大規模但資料儲存最終能使它們獲益。也正因為我們的資料主權被剝奪，因此換回了不用支付個人資料的儲存費用。但當人們進入Web3.0時代時，當資料主權被提出，當資料主權成為了每個人的核心權力之後，也就意謂著個人需要負擔由自身產生的資料儲存成本，這個時候，我們就需要一種低成本、安全又能儲存

大量資料的儲存技術。而 DNA 儲存就是其中行之有效的儲存方案。DNA 儲存能夠為使用者提供更加靈活和可持續的儲存方式，未來，不再需要依賴於少數幾家大型資料中心或雲端服務提供者，個人使用者和組織就可以透過運行自己的儲存節點來參與資料儲存和管理。

並且，DNA 儲存也保障資料的高度安全性和可靠性。由於 DNA 分子的穩定性和抗干擾能力，資料儲存在 DNA 上可以有效地防止資料遺失和損壞。再加上資料儲存在分散式網路中的多個節點上，不易受單點故障或攻擊影響。此外，DNA 儲存也具有較高的資料密度，可以在有限的物理空間內儲存大量的資料，從而減少了存放裝置的數量和複雜性，提高了資料的安全性和可靠性。

可以說，基於 DNA 儲存技術的儲存方案是 Web3.0 儲存的必然發展方向。在今天，如果把所有的人類已知文明都編碼到 DNA 裡進行儲存，我們只需要一公斤 DNA 就足夠了。這也讓我們看到，在未來，我們每個人只需要幾個細胞大小的 DNA 儲存空間，就能滿足自己一生看似龐大的資料生產與儲存需求。並且透過利用 DNA 分子的高密度、長期穩定性和高度安全性，DNA 儲存技術能夠有效地滿足日益增長的儲存需求，為個人使用者和組織提供更加安全、可靠和經濟高效的資料儲存解決方案。

6

CHAPTER

新 Web3.0 掀起未來商業變革

6.1 新 Web3.0 如何顛覆 Web2.0？

人工智慧、量子計算、量子通信、DNA 儲存等前沿技術的迅猛發展，讓我們再一次走到了數位世界的十字路口。隨著 Web3.0 的到來，一個全新的商業秩序正在醞釀而生。

要知道，直到今天的 Web2.0 階段，使用者僅僅只是資料和生產者，是巨大流量池中的一小滴，用戶的價值都被中心化的平台所壟斷。然而，Web3.0 的出現卻預示著一場巨變，當資料的權屬由傳統的中心化平台重新回到資料生產者 —— 使用者的手中時，不僅僅代表著技術發生了變化，更將顛覆現有的商業模式，並重新定義未來的商業秩序和經濟結構。

6.1.1 Web2.0 商業模式的本質

在 Web2.0 階段，平台經濟是最主要的商業模式，而平台經濟的本質，就是透過運作過程累積大量使用者資料，並對使用者資料的加以利用和變現。通俗一點來說，就是流量變現。

但這個過程中，也帶來了一個最大的問題，那就是壟斷 —— 對於使用者資料的掌控構成了平台經濟的堅實地基，進而成為壟斷行為滋生的溫床，Web2.0 模式下中心化資料庫儲存又賦予平台掌控使用者資料的權力，打通了壟斷成因的最後一環。再加上中心化 Web2.0 架構下，使用者需要以網際網路平台為視窗與其他參與方交互資訊，為獲取服務，使用者需將身分識別資料、行為資料儲存在平台的儲存應用

程式狀態的集中式資料庫中，因而 Web2.0 使用者沒有身分資料的控制權，網際網路平台掌控使用者資料，這就導致了各種壟斷問題。

事實上，Web2.0 階段的平台本身就是一種具有自然壟斷傾向的企業組織模式。這是由 Web2.0 的技術決定的。

一個新用戶加入平台的邊際成本幾乎為零，但新用戶會對其他人帶來潛在正收益。比如說，使用微信支付的人越多，那麼微信支付收款碼對於商戶的價值就越大；而使用微信支付收款碼的商戶越多，微信支付對於我們消費者的價值也越大，這種正向互動就會推動越來越多的人加入微信支付。

換句話說，在 Web2.0 階段，平台的規模效應是遞增的──要知道，對於傳統企業來說，傳統企業的經營活動大多依賴於消耗性的生產資料，其經濟活動的邊際成本不能降為零，規模效應也就因此受限。而對於平台來說，單個用戶的使用不影響其他用戶的使用，也不會增加企業的供給成本，這使得平台型企業爆發出傳統企業所不具備的能量。這種遞增的規模效應就是所謂的「網路效應」。使用者數量越多，流量越大，網路效應越強。比如，出於社交需要，使用者往往會偏向於加入使用者更多的社群平台，比如 Facebook、Instagram 或微信。同時，由於平台沉澱了社交關係，對於使用者來說，其切換成本較高，甚至是不可替換的。電商這樣的雙邊市場同樣具有較強的跨邊網路效應，商家數量和種類的豐富能夠招致更多的消費者進入平台購物，而消費者數量的增多又會吸引更多商家的加盟，進而實現跨邊的、非直接的網路效應。而當用戶總數突破臨界點，則會實現「贏家通吃」的效果，潛在競爭者就難以撼動其江湖地位。

實際上，各大平台已經成長為枝繁葉茂、根基深厚的生態系統。如今，阿里和騰訊已各自坐擁超過 10 萬億元市值的生態圈。打開手機，最常用的 5 款 APP，微信、微博、拼多多、美團和天貓，必居其一。而其中，微信、拼多多、美團隸屬騰訊系，而天貓、微博為阿里巴巴系。阿里和騰訊不是特例，放眼全球，Apple、微軟、亞馬遜等公司也是如此。

Web2.0 的巨頭們就是這樣，一步步合圍了人們的生活。

6.1.2 平台壟斷的後果

如今，各大網際網路平台已經透過業務擴張、投資、併購等方式，建立了橫跨多領域的商業生態圈，掌握並打通了各數位化領域的使用者資料，比如社交、購物、交通、醫療等，這為各大網際網路平台進一步市場擴張提供了條件。從平台本身的特性來看，網際網路巨頭們的壟斷顯然是一種極為強橫的壟斷，和傳統公司不同，網際網路平台不爭奪市場佔有率，它們爭奪市場本身，這也帶來了各式各樣的問題。

從商業角度來看，在市場高度集中於少數幾家平台型企業的情況下，平台會擁有對雙邊用戶的定價權、話語權以及規則制定權，並形成贏者通吃的巨變。即便用戶使用平台的總成本會提高，比如，Apple 公司對 App 內購採取 30% 抽成的「蘋果稅」，但因使用習慣的養成與較高的轉移成本，仍使使用者被平台綁定，使得使用者和產品服務的提供商不得不共同承擔新增的使用成本。與此同時，平台還會大力投入生態系統的建設，透過更多的產品與服務將更多類型的參與者納入

到平台的生態中,將雙邊的連接升級為多邊交互。成熟的生態系統一旦形成,這種多邊關係便具有很高的穩定性甚至有自我生長的能力,對系統中的參與者黏性較強而很難被顛覆。

在這個過程中,或者在數位經濟的市場中,平台作為規則的制定者自然而然地處於生態的頂端,擁有最大的價值槓桿。但這顯然不利於社會整體福利——享受壟斷紅利的平台往往也會極力壓制行業中潛在競爭對手生態的形成,利用現有的規則或資本端的收購去維護自身的地位,從而從另一層意義上偏離平台自身以開放、互聯降低資訊不對稱的初衷。「二選一」就是運用非經濟的強制力量,清除競爭對手,保持對市場的排他性獨佔。比如,字節跳動就曾經阻止使用者直接將短影音轉發至騰訊的社群媒體應用微信上,或者是阿里巴巴的電商應用淘寶阻止用戶使用騰訊的微信支付付款購物。

當平台形成壟斷格局後還會壓抑創新。平台的核心作用本是降低資訊不對稱,以此來服務社會經濟運行,提升效率。然而,透過壟斷來扭曲資訊,卻會進一步加劇資訊不對稱的情況。究其原因,當平台形成壟斷之後,其往往會盡力維持壟斷。在這一過程中,難免存在操縱價格、價格歧視、聯手抵制、非法兼併等不當競爭手法,壓抑了創新和競爭。

更糟糕的是,基於平台壟斷,還會帶來「數位權力」的濫用,這也是今天大家越來越不能忍受 Web2.0 的原因。當前,資料已經成為了一種具有高度控制力的生產要素,但資料產權卻被數位平台擁有。在數位世界裡,人們看似自由,但實際上卻被平台深度控制。這種控制無處不在——我們被定位,被挖掘各種屬性,貼上各種標籤,被

電商、被廣告精準行銷，被各種新聞、歌曲自動推薦，被歸類，被打分，被遮罩，被刪帖，甚至被操縱。

比如，透過資料分析和演算法技術，平台可以精準地瞭解用戶的興趣、偏好和行為，從而對用戶進行定位、推薦和行銷。「同溫層」的概念是 1972 年被美國心理學家艾爾芬‧詹尼斯提出的，其含義是：群體在決策過程中，由於成員傾向讓自己的觀點與群體一致，因而令整個群體缺乏不同的思考角度，不能進行客觀分析。

在 Web2.0 階段，大數據和人工智慧的發展讓網際網路產品的設計走向了資訊流，定製推薦的孤島化。為了實現平台的商業化目的，一般來說，這種產品設計的概念分為兩種：一種是主動選擇式的，比如「即刻」的圈子體系，用戶主動選擇其喜歡的圈子，比如豆瓣的小組，微博的超話等；另一種則是被動式的，比如今日頭條和抖音根據使用者喜歡內容的定製化推送。其顯而易見的好處是，透過這些方法，在一定的區域內，我們能夠收穫優質的討論空間。越是小眾的領域，這種討論就越來越和諧，不會產生過多的衝突。但這也隔絕了人們發現自己不喜歡內容的可能性，人們的資訊獲取被侷限在自己感到舒適的圈層之中。

人們所面對的人，所接觸的內容，所發表的觀點全都是自己所熟悉的以及自己所相信的。他們的音樂品味，影片愛好，政治觀點都被一個個標籤侷限在固定的範圍。人們不會，也不願意去尋找和自己相左的內容。用戶沉迷於一次又一次的往下劃，毋需討論，只要沉迷就好。大眾不在乎，大眾需要圍著一個東西轉。平台不會承擔媒體的責任，它承擔的是平台的責任，以及自己的商業利益。

這種個性化服務看似給使用者帶來了更好的體驗，但實質上卻是在加強數位平台對使用者的控制和影響，進一步加劇了數位權力的不平衡和濫用。這樣的例子還有很多，幾乎覆蓋了我們數位生活的全部。

可以說，由於數位化和平台組織模式的特徵，巨頭們的數位權力已經超越了經濟領域，滲入了政治甚至文化領域，而且越來越強。

6.1.3 把資料主權還給使用者

在 Web2.0 階段，平台經濟最大的特點，或者說平台經濟能運行的前提，就是平台掌握了龐大的使用者資料，並掌控著這些資料。而 Web3.0 的出現，卻向平台經濟發起了衝擊。與平台經濟截然不同，Web3.0 的最大特點，就是人人都將擁有個人主權的數位身分，這意謂著，資料的控制權重返使用者手中，Web2.0 階段的網際網路平台壟斷地位將被徹底打破。也就是說，在 Web3.0 時代，我們的身分、資料都將由我們自己掌控。這不僅僅是技術的升級，更是對自由、權利和價值的重新定義。

未來，個人資料將成為最寶貴的資產之一。基於人工智慧技術，我們每個人都能夠更深入地瞭解自己的資料，並從中獲取有價值的見解。量子計算將實現去中心化的計算，推動端對端的資料連接與交互成為可能。同時，量子通信將確保個人資料的安全性，保護其不被非法獲取或濫用。而 DNA 儲存技術的應用則為個人資料提供了無限的儲存空間，保證了資料的長期保存和可靠性。

在這樣的背景下，每個人都有機會成為數位世界的創作者和消費者。藉助人工智慧的輔助，我們可以更輕鬆地創造出高品質的數位內

容,無論是音樂、影片、文字還是其他形式的創作。而量子計算和量子通信的發展,則為我們每個人提供了更廣闊的市場和更多的機會,使得創作作品能夠既快速又安全地傳播。同時,個人也可以根據自己的興趣和需求,自由選擇消費其他人創作的作品,這種直接的創作者與消費者之間的聯繫將促進創作的多樣性和創新性。

不僅如此,每個人都可以憑藉自己的數位身分,作為參與經濟活動的基礎。這種數位身分不僅包括個人的基本資訊,還可以記錄個人的技能、興趣愛好和社交關係等。基於人工智慧技術,這種數位身分還將不斷地演化和完善,使得個人能夠更好地與他人進行連接和互動。與此同時,個人還可以利用這種數位身分來構建自己的商業模式,發行數位貨幣並從中獲取收益。這種去中心化的經濟模式將賦予個人更大的權力和自由,使得每個人都能夠成為經濟體的一部分,共同參與到價值的創造和分享中去。

可以預見,當 Web3.0 真正到來的時候,每個人都將成為經濟體的一部分,而不再是簡單的「用戶」,我們可以成為創作者、消費者、甚至我們就是平台本身。正如今天的網路大 V 可以藉助於粉絲來構建自身的商業模式一樣,在 Web3.0 時代,人人都可以藉助於去中心化的網路構建自身的商業模式,但這本質上並不是真正的去中心化,而是數位人權時代的多元中心化,或者說自由中心化。

更重要的是,這些變化不僅僅發生在經濟領域。社交、教育、娛樂等各個領域將開始受到 Web3.0 的影響,整個社會的運作方式都會發生巨大對改變。毫無疑問,Web3.0 將重新定義權力、價值和參與,並為每一個人打開了一個全新的世界。

6.2 資料交易，Web3.0 的商業核心

從人類社會的數位化發展來看，Web3.0 並不只是一種技術升級或一個新的網際網路版本，它更代表著對整個網路交流與交易模式的根本性改變。

在今天的 Web2.0 階段，我們的資料、交流和交易通常都受制於中心化的平台，如社群媒體公司、電子商務平台等。這些中心化的實體控制了資料的流動，並從中受益。而 Web3.0 的出現，顛覆了這一模式。在新的模式中，每個人的數位身分和資料都是屬於個人的，由個人來完全掌控的，而每個人基於資料來進行交易，也成為了 Web3.0 商業模式的核心。

6.2.1 探索資料交易

在今天，資料資源已經成為人類社會重要的生產要素和戰略資產，甚至是比石油更具有價值的金融資產。尤其是面對正在到來的人工智慧時代，採集、分析、應用資料的能力也迅速成為國際競爭的焦點。展望未來，隨著 Web3.0 的到來，以及人類社會數位化的深入，資料資源只會越來越重要。

但要充分體現資料資源的價值，就必須考慮資料的開放與流通。目前，各個國家都已經對資料交易進行了探索。

美國是充分市場化的資料交易。美國發達的資訊產業為其提供了強大的資料供給和需求驅動力，為資料交易流通市場的形成和發展奠定了基礎。美國在資料交易流通市場構建過程中，還制定了資料交易

產業推動政策和相關法規，這些政策法規又進一步規範了資料交易產業的發展。

一方面，美國建立了政務資料開放機制。美國聯邦政府自 2009 年發佈《開放政府指令》後，便透過建立「一站式」的政府資料服務平台 Data.gov 加快開放資料進程。聯邦政府、州政府、部門機構和民間組織將資料統一上傳到該平台，政府透過此平台將經濟、醫療、教育、環境與地理等方面的資料以多種訪問方式發佈，並將分散的資料整合，資料開發商還可透過平台對資料進行加工和二次開發。另一方面，美國還發展了多中繼資料交易模式。美國現階段主要採用 C2B（消費者對企業）分銷、B2B 集中銷售和 B2B2C（企業對企業對消費者）分銷集銷混合三種資料交易模式，其中 B2B2C 模式發展迅速，佔據美國資料交易產業主流。所謂資料平台 C2B 分銷模式，是指個人使用者將自己的資料貢獻給資料平台以換取一定數額的商品、貨幣、服務、積分等對價利益，相關平台如 Personal.com、Car and Driver 等；資料平台 B2B 集中銷售模式，即以美國微軟 Azure 為首的資料平台以中間代理人身分為資料的提供方和購買方提供資料交易撮合服務；資料平台 B2B2C 分銷集銷混合模式，即以資料平台安客誠（Acxiom）為首的資料經紀商收集使用者個人資料並將其轉讓、共用給他人的模式。

歐盟委員會希望透過政策和法律手段促進資料流程通，解決資料市場分裂問題，將 27 個成員國打造成統一的數位交易流通市場；同時，透過發揮資料的規模優勢建立起單一數位市場，擺脫美國「資料霸權」，回收歐盟自身「資料主權」，以繁榮歐盟數位經濟。

2018 年 5 月，《通用資料保護條例》（GDPR）在歐盟正式生效，其特別注重「資料權利保護」與「資料自由流通」之間的平衡。這種標杆性的立法理念對中國、美國等全球各國的後續資料立法產生了深遠而重大的影響。但由於 GDPR 的條款較為苛刻，該法案推出後，歐盟科技企業籌集到的風險投資大幅減少，每筆交易的平均融資規模比推行前的 12 個月減少了 33%。

基於 GDPR，歐盟還發佈了《歐盟資料戰略》，提出在保證個人和非個人資料（包括敏感的業務資料）安全的情況下，有「資料利他主義」意願的個人可以更方便地將產生的資料用於公共平台建設，打造歐洲公共資料空間。2020 年 12 月 15 日，歐盟委員會頒佈了兩項新法案——《數位服務法》和《數位市場法》，旨在彌補監管漏洞，透過完善的法律體系解決壟斷以及資料主權的問題。《數位服務法》法案為大型線上平台提供了關於監督、問責以及透明度的監管框架。《數位市場法》法案旨在促進數位市場的創新和競爭，解決數位市場上的不公平競爭問題。

德國提供了一種「實踐先行」的思路，透過建設行業內安全可信的資料交換途徑，排除企業對資料交換不安全性的種種擔憂，實現各行業企業間的資料互聯互通，打造相對完整的資料流程通共用生態。德國的「資料空間」是一個基於標準化通信介面並用於確保資料共用安全的虛擬架構，其關鍵特徵是有明確的資料權屬邏輯。它允許使用者決定誰擁有訪問他們專有資料的權力，從而實現對其資料的持續監控。

英國政府也高度重視資料的價值，採用開放銀行戰略對金融資料進行開發和利用，促進金融領域資料的交易和流通。該戰略透過在金融市場開放安全的應用程式介面（API）將資料提供給授權的協力廠商使用，使金融市場中的中小企業與金融服務商更加安全、便捷地共用資料，從而激發市場活力，促進金融創新。開放銀行戰略為具有合適能力和地位的市場參與者提供了六種可能的商業模式：前端提供商、生態系統、應用程式商店、特許經銷商、流量巨頭、產品專家和行業專家。其中，金融科技公司、數位銀行等前端提供商透過為中小企業提供降本增效服務來換取資料，而流量巨頭作為開放銀行的最終支柱掌握著銀行業參與者所有的資產和負債表，控制著行業內的資本流動性。

日本從自身國情出發，創建「資料銀行」交易模式，以期最大化地釋放個人資料價值，提升資料交易市場的活力。資料銀行在與個人簽訂契約之後，透過個人資料商店對個人資料進行管理，在獲得個人明確授意的前提下，將資料作為資產提供給資料交易市場進行開發和利用。從資料分類來看，資料銀行內所交易的資料大致分為行為資料、金融資料、醫療健康資料以及嗜好資料等；從業務內容來看，資料銀行從事包括資料保管、販賣、流通在內的基本業務以及個人信用評分業務。資料銀行管理個人資料以日本《個人資訊保護法》（APPI）為基礎，對資料權屬界定以自由流通為原則，但醫療健康資料等高度敏感資訊除外。日本透過資料銀行搭建起個人資料交易和流通的橋樑，促進了資料交易市場的發展。

2021年5月12日，日本參議院透過了6部有關數位化改革的法案，其中十分重要的是《個人資訊保護法》的修訂：統一日本各私營

企業、行政機關和地方政府的個人資訊保護制度。同時，為了杜絕個人隱私濫用，個人情報保護委員會的監管權力也擴大到了所有的行政機構。2021年9月1日，經過近1年的籌備，負責日本數位化的最高部門——日本數位廳正式成立。數位廳直屬於內閣，直接由總理領導，設有一名數位部長。該廳將負責維護、管理國家資訊系統，保證各地方政府的共同使用和資訊協調。由於權力較大，數位廳可以向其他部委和機構提出建議、審查業務。同時，數位廳還計畫和相關機構合作，為醫療、教育、防災等公共事務開發資料應用系統，也能整合私企、土地、交通狀況的資料用於商業。

中國在資料開放共用方面，截至2020年，國家電子政務網站接入中央部門和相關單位共計162家，接入全國政務部門共計約25.2萬家，初步形成了國家資料共用平台。31個國務院部門在國家共用平台註冊發佈即時資料共用介面1153個，約1.1萬個資料項目。國家共用平台累計為生態環境部、商務部、稅務總局等27個國務院部門、31個省（自治區、直轄市）和新疆兵團提供查詢核驗服務9.12億次，有力地支持了網上身分核驗、不動產登記、人才引進、企業開辦等業務。其他各類資料開放平台達到142個，有效資料集達到98558個。

可以看到，在全球範圍內，各國都認識到了資料交易的重要性，並展開了相關的探索。但目前的資料交易的物件，還多為企業，個人很少也很難參與到資料交易中，根本原因還是在於Web2.0的平台經濟和平台經濟模式下必然的壟斷。

一方面，許多大型科技公司掌握了大量的資料資源，形成了資料壁壘和壟斷。這些公司透過自身的技術和平台優勢，壟斷了資料市場，使得個人難以進入和參與資料交易。另一方面，資料交易涉及到

大量的法律和隱私問題。但當前的法律和法規也更多地是關注企業之間的資料交易，而對於個人資料的交易和保護尚未有清晰的規定，這使得個人參與資料交易面臨著法律和隱私上的困擾。甚至法律還難以保障個人的資料安全，在資料權屬問題上也並不明確。

此外，個人對於資料的安全和隱私保護往往非常重視，但目前但資料交易仍在探索中，這個過程往往缺乏足夠的安全保障和信任機制，大多數人在今天對資料交易還是持謹慎態度。再加上資料交易往往需要一定的技術和專業知識，以及相應的資金和資源投入。因此，目前，對於普通個人來說，參與資料交易的門檻較高，難以有效參與其中。

但在 Web3.0 時代，資料交易將獲得新的發展。隨著個人資料主權和數位身分主權時代的到來，未來，每個人都可以像今天企業進行資料交易一樣，每個人都可以像今天的購物一樣，選擇將自己的資料上載到資料交易平台上，並設定資料的可用性和價格，我們就能在資料交易平台中完成個人資料的商品化交易。個人資料可以包括社群媒體行為、消費習慣、健康資料等各種類型，而這些資料對於企業和研究機構具有潛在的商業和研究價值。

6.2.2 構建資料交易所

在資料開放、流通和交易的過程中，有一個重要的角色，那就是資料交易所。資料交易所之所以必要且重要，其實還是為了解決資料交易的一些痼疾。

在 Web2.0 階段，隨著雲端運算和物聯網的迅速發展，人與萬物的智慧化和資料化成為了現實。這一趨勢帶動了大數據的廣泛應用，並展現了巨大的市場潛力，催生出新型的商業模式。這同時也催生了大數據價值產業鏈的形成，構建起一個完整的生態系統。在這樣的背景下，資料的價值逐漸被社會所知，資料決策在政府和企業中變得至關重要。與此同時，資料開放共用的需求也日益迫切。

然而，隨之而來的問題是，資料商品化的趨勢加強，資料的定價和交易等問題變得複雜，這也進一步阻礙了資料的流通。

一方面，從電信、金融、醫療等跨域部門，到製造、教育等傳統企業，再到電子商務、社群平台等新興媒體，各國潛在的資料資源非常豐富且覆蓋廣泛。但即便在資料的儲存和挖掘方面有了突破，卻依然存在大量的「資料孤島」。這主要是由於各方出自利益的考量，沒有使得豐富的大數據並不能彙聚在一起。尤其是在民主制度國家，個人隱私與大數據商業化之間存在著比較大的意識與法律衝突。導致不同主體所擁有的這些大數據以碎片割裂的方式分散在不同的地方，不僅形成了「資料孤島」的窘境，而且由於個體資料主權的缺失，這些資料也無法歸屬到個體，這就在一定程度上制約了資料的商業化。

顯然，資料流程通並非新生事物，但由於資料交易市場的相關法律法規的缺失，不論是普通法系國家還是大陸法系國家，目前都沒有關於資料交易相關的法律法規。正是由於資料交易規則缺失、定價標準不確定、交易雙方資訊不對稱，造成交易成本很高而且資料品質也無法得到保障的現象，這極大地制約了資料資產的流動。

這進一步導致網際網路巨頭、政府和大型企業掌握了更多的資料資源，使得它們在資料領域擁有強大的影響力和掌控能力。這些實體成為了資料寡頭，掌握著資料市場的主導地位。然而，這種資料寡頭的壟斷現象卻對自由市場競爭產生了嚴重的影響，也加大了保護消費者權益的難度。

另一方面，資訊經濟學存在天然的「阿羅悖論」，簡單來說就是，資訊（資料）與一般商品不同。資訊的價值很難確定，因為買方在購買之前無法準確評估資訊的價值。但一旦獲得了資訊，就可以複製傳播，不再需要購買。這就是為什麼資訊（資料）的價值難以捉摸的原因。

這實際上取決於資料的應用領域和處理方式。不同的企業對同樣的資料可能有不同的需求，因此資料的市場價值會因此而異。另外，資料的處理和分析方式也會影響資料的市場價值，因為資料被不同程度地挖掘和整合，所形成的資料產品的應用範圍和市場價值都會不同。

所以，在資料交易中，需求方很難準確判斷資料的品質和價值，可能花費高價卻得不到預期效果。而提供資料的一方也可能因為不瞭解需求方的情況，而低估了資料的價格，同時也擔心資料的安全和濫用問題。

當前的資料交易困境，就像是有著大量資料資源的供應方和渴望獲得資料的需求方之間隔著一道無形的屏障，讓資訊不對稱、溝通不暢成為阻礙資料商業化的難題。在這個不合理的資源配置環境中，資料交易成了一個複雜的謎題，需要一個能夠透明引導、可控規範的交易平台來解答。

這就是我們為什麼迫切需要資料交易所的原因，資料交易所不僅僅是一個市場，更是一個連接資料供應和需求的紐帶，一個推動資料流動、創造新價值的引擎。想像一下，如果我們有了一個這樣的平台，供應方和需求方可以更直接、更高效地交流，資訊不再被掩蓋，合作能夠更加緊密。

現階段，全球範圍內對資料交易所也已經做了大量嘗試──資料交易所自 2008 年前後開始起步至今，既有美國的 BDEX、Infochimps、Mashape、RapidAPI 等綜合性資料交易中心，也有很多專注細分領域的資料交易商，如位置資料領域的 Factual，經濟金融領域的 Quandl、Qlik Data Market，工業資料領域的 GE Predix、德國弗勞恩霍夫協會工業資料空間 IDS 專案，個人資料領域的 DataCoup、Personal 等。

除專業資料交易平台外，近年來，國外很多 IT 領頭企業依託自身龐大的雲端服務和資料資源體系，也在構建各自的資料交易平台，以此作為打造資料要素流通生態的核心抓手。比如亞馬遜 AWS Data Exchange、Google Cloud、微軟 Azure Marketplace、LinkedIn Fliptop 平台、Twitter Gnip 平台、富士通 Data Plaza、Oracle Data Cloud 等。目前，國外資料交易機構採取完全市場化模式，資料交易產品主要集中在消費者行為、位置動態、商業財務資訊、人口健康資訊、醫保理賠記錄等領域。

中國資料交易所起步於 2015 年，這一年，也是中國資料交易所發展最為迅速的一年。2015 年 4 月，貴陽大數據交易所在貴陽市國資委的支援下掛牌營運，並完成了首次交易；8 月，華中地區第一家資料交易所──長江大數據交易中心又落戶武漢。截至 2021 年底，已有近

百家各種類型的資料交易平台投入營運，除了貴陽大數據交易所、長江大數據交易中心外，較知名的還有北京國際大數據交易所、上海大數據交易中心、華東江蘇大數據交易中心、中原大數據交易中心、優易資料網等。

除專業資料交易所之外，中國 IT 領頭企業也在構建各自的資料交易平台，比如阿里雲、騰訊雲、百度雲各自旗下的 API 市場，以及京東萬象、浪潮天元等。其中 API 技術服務企業聚合資料已經沉澱了超過 500 個分類的 API 介面，日調用次數已經達到 3 億次，合作客戶逾 120 萬家，涵蓋智慧製造、人工智慧、5G 應用等領域。2021 年，在中國國家政策的大力支持下，深圳、上海、貴州等地根據自身特點，推出地方性「資料條例」，建設資料交易所，從而形成屬地化資料開發和治理新模式，推動地方資料走向資源化、資產化。

6.2.3 Web3.0 時代的基礎設施

值得一提的是，在 Web2.0 階段的資料交易所，也是初級階段的資料交易所。儘管部分大型資料交易所交易規模雖然已達億元級別，但是更多的資料交易所實際的交易市場並沒有變得像預期中那麼活躍，依然處於小規模的探索階段。原因主要是五點。

一是資料的商業化邊界問題，也就是資料的安全與開放、隱私與商業化的邊界問題。在大數據交易中，需要明確資料的使用範圍，即哪些資料屬於需要保密的國家安全範疇，哪些資料可以在開放的商業領域使用，以及如何確定資料的商業邊界標準。這是因為不同類型的

資料具有不同的敏感性和風險，需要在保護隱私的前提下平衡商業化需求。

在國家安全和保密範疇，特定類型的資料可能涉及國家的戰略、軍事等重要領域，因此需要嚴格保密，不應在開放的商業交易中流通。然而，這些資料的確可能具有巨大的商業價值，因此如何在保障國家安全的前提下，有針對性地開放一部分資料以推動商業創新，是一個需要權衡的問題。

另外，開放的社會商業領域可能涉及到各種非敏感的資料，如市場趨勢、消費者行為等，這些資料對於商業分析和決策具有重要價值。然而，即使是這些資料，也需要確定商業化的界限，以避免侵犯個人隱私和商業機密。

二是資料的界定標準，也就是明確哪些資料應該屬於哪個類別，以及如何將它們進行分類。這是因為大數據涵蓋了各種不同類型的資訊，從文字、圖像、音訊到影像等多種形式的資料，它們需要被系統地分類以便更好地進行交易和利用。

為了解決這個問題，需要制定明確的資料界定標準。這可能涉及到資料的內容、用途、來源、格式等方面的因素。例如，可以根據資料的內容將其分為市場趨勢資料、社群媒體資料、金融資料等不同類別。同時，還可以根據資料的用途和應用來進行分類，比如將資料分為市場分析資料、科研資料、醫療資料等。

制定清晰的資料分類標準對於大數據交易所的運作至關重要。它可以幫助買賣雙方更準確地理解交易的內容和價值，從而更好地進行

資料交換。此外,分類標準還有助於資料的管理和整理,使得資料更易於被查找、理解和利用。

三是資料的定價,這個是根據資料類別的界定、歸類之後所面臨的問題,即這些歸類後的資料商業化價值如何定價;這是一個相當複雜的挑戰,因為不同類型的資料可能在不同的情況下具有不同的商業價值,且在不同的市場環境中價格可能有所變化。需要綜合考慮資料的稀缺程度、品質、準確性、時效性、市場需求、競爭狀況以及應用領域等多個因素。定價的過程需要充分的市場訊息和資料分析,以便更準確地反映資料的商業價值,從而實現合理的交易和商業創新。並且,隨著資料市場的發展,不斷優化和調整定價機制也將成為關鍵。

四是資料的交易機制與收益分配。目前的資料大致可分為政府治理資料、工業類資料、金融類資料、公共服務類資料以及圍繞個人的商業應用資料等五個大版塊。前四個版塊的資料交易機制與利益分配機制都相對簡單,即資料擁有者享受資料商業化權益,但圍繞個人的商業化應用所產生的資料則是資料交易中面臨的一大焦點,也就是說這類資料本質上都是由使用者個人使用產生的,是屬於使用者個人隱私行為的資料。

五是數據立法。不論是從個人資料隱私還是商業化的層面,都需要有專門的立法來界定、保障邊界與權力,讓用戶與商家都能有清晰、明確的法律規則進行商業化,以免資料的商業化濫用給用戶帶來不必要的傷害與正常生活的擾亂。

好消息是,隨著個人資料主權和數位身分主權的 Web3.0 時代的到來,這些問題都有望得到解決。比如,在資料的商業化邊界問題上,

解決方案將建立在資料所有權和個人資料控制權的基礎上。個人將擁有對自己的資料擁有完全的掌控權，包括確定哪些資料可以用於商業目的，以及在何種情況下可以分享這些資料。個人就可以在資料交易所上設定資料的使用範圍和商業化邊界標準，從而保護個人隱私和資料安全。

在資料的界定標準方面，個人資料主權的 Web3.0 解決方案將採用靈活的資料分類標準，以滿足個人資料多樣性和特定需求。個人可以根據自己的需求和偏好對資料進行自訂分類，並確定不同分類下資料的使用規則和交易條件。這種個性化的資料分類標準將有助於更好地管理和保護個人資料，並提供更靈活的資料交易選擇。

對於資料的定價問題，未來，資料的定價將更多地由個人資料所有者決定。個人可以根據資料的價值、稀缺程度和市場需求設定資料的價格，並在資料交易所上進行公開交易。這種基於市場供求和個人選擇的定價機制將更好地反映資料的真實價值，並促進資料交易的公平和有效進行。

個人資料主權化後，我們有望真正建立一個公平、透明的資料交易機制和收益分配模式。個人將直接參與到資料交易過程中，可以自由選擇資料交易的方式和條件，並分享資料交易所得的收益。資料交易所將提供技術支援和法律保障，確保資料交易的安全和合規進行，同時保護個人資料主權和權益。

可以說，資料交易，就是 Web3.0 時代的商業核心。而資料交易所則是未來 Web3.0 時代的基礎設施，是因為透過資料交易所，不同領域的資料就可以進行跨界交易和合作，從而促進資料資源的整合和創

新。這不僅為人工智慧等新興技術的發展提供豐富的資料資源，推動技術的創新和應用，也意謂著資料資源的開放、流通和價值實現。它將為資料提供開放的市場、安全的交易環境，促進資料的多樣化和創新，推動資料經濟的發展，為人類社會的數位化轉型提供了新的動力和機遇。

6.3 生產有價值的資料

勞動創造價值，這是一句老生常談，也是馬克思勞動價值論的核心。

勞動，是人類社會產生和發展的起點，關係著世界歷史的延續和人類文明綿延不絕的發展。但今天，隨著科學技術的更新迭代和生產力的不斷發展，人類用於勞動的工具越來越先進，從替代人體力勞動的機器到替代人腦力勞動的人工智慧，人類需要的勞動越來越少。

未來，人工智慧、量子計算、量子通信等技術的成熟，再加上Web3.0的到來，人類更將全面邁入一個數位化的世界，而人類一切的工業、農業的生產物質工作則由機器人、無人工廠所取代。隨之而來的一個問題是，當勞動變得不再需要時，什麼能代替「勞動」來創造價值？

6.3.1 從工業勞動到資料勞動

隨著工業時代的到來，以及技術的快速發展，今天，人類所需要的勞動似乎越來越少。

第一次工業革命和第二次工業革命促使作為生產工具的機器進化出「自動化」的特徵，實現了比工人更高效地生產，它們延伸和替代了人的體力勞動，工廠裡出現並流行起了流水線作業，開創了標準化生產模式，也推進了無人工廠的進一步孕育。

在二十世紀四五十年代開始的第三次工業革命的推進下，資訊與電腦控制加入生產過程，自動化機器體系有了控制機，生產過程實現了全自動化，人的腦力勞動開始被機器接管，生產也正式邁進了「少人化」甚至「無人化」的階段。

1984年4月9日，世界上第一座實驗用的「無人工廠」在日本築波科學城建成並試運行，標誌著「無人工廠」的正式誕生。40年後的今天，在科學技術尤其是人工智慧的賦能下，「無人化」的生產場景越來越多，「無人工廠」也由一種趨勢、一個概念成為真正的現實。

不僅如此，就連腦力勞動人工智慧也可以代替。ChatGPT就是最直接的信號。2023年，是屬於ChatGPT，或者說屬於人工智慧的一年，而ChatGPT之所以能夠實現用戶的爆發式增長，就是因為ChatGPT前所未有的產品能力，它具有成熟乃至驚人的理解和創作能力：除了寫代碼、寫劇本、詞曲創作之外，ChatGPT還可以與人類對答如流，並且充分體現出自己的辯證分析能力。ChatGPT甚至還敢質疑不正確的前提和假設、主動承認錯誤以及一些無法回答的問題、主動拒絕不合理的問題。正是這種強悍的性能，讓社會看到了通用人工智慧的希望，隨著以ChatGPT為代表的大模型在各個行業領域深入應用，以及人形機器人智慧大腦的成熟，或許很快，人類就連腦力勞動都可以省去。人類社會一切有規律與有規則的工作都將被人工智慧所取代，都將被人形機器人所取代，人類將徹底退出工業化生產的勞動角色。

當人類的勞動價值需求減少之後，就帶來了另一個問題，那就是──價值從哪來？畢竟，根據馬克思的勞動價值論，價值就是由勞動創造的。但在技術的發展下，接下來，人類不僅不需要體力勞動，還不需要腦力勞動。這也讓一些學者、專家對馬克思的勞動價值論提出了質疑。

事實上，從根本上來看，數位時代，馬克思勞動價值論並未「失語」，而是一直在場，並實現了理論的延伸與發展。

過去，馬克思的勞動價值論是從商品出發，揭示了商品的使用價值和價值之間的關係，構建了勞動價值論的分析框架。在這一理論框架下，商品是能夠進行交換的勞動產品，能夠滿足人類特定需求的產品。只不過，今天，隨著數位技術的迅猛發展，我們開始利用自身的智力和勞動力，生產出一種全新的產品，即數位產品，這些產品在市場上經過交換後轉化為數位商品。也就是說，過去的農業、工業勞動，在今天變成了數位勞動，而數位勞動的成果，就是我們所創造的、所生產的數位商品──各式各樣的數位商品。

我們都知道，在部落時代，群體狩獵並藉此共用食物，當然也可能是共用饑餓。農業時代的勞動者以體力勞動為主，用農具在土地上進行耕作，創造社會財富。工業時代的勞動者由從事體力勞動和腦力勞動兩部分組成，體力勞動占多數，主要是用能量驅動的工具進行社會化大生產，能源、礦產、資本成為最重要的生產資料。

在數位時代，資料則成為除能源、資源、資本等之外的新生產要素。而資料創造價值的基本邏輯，就在於生產資料，並利用演算法和運算能力，推動隱性資料和知識的顯性化。

這包括兩個方面，一方面，是生產資料，資料可以透過各種途徑產生，包括人們的日常生活與活動、企業的業務活動、科學研究等。尤其是在個人資料主權和數位身分主權的 Web3.0 時代，未來，人類主要就是從事於行為資料的生產，個人生活行為資料、娛樂社交資料、消費購物資料，以及包括生命體態特徵與醫療資料的生產，然後可以將自身的這些資料進行商品化，在資料交易平台交易這些資料。越是高品質和具有代表性的資料，就越成為 Web3.0 時代的一種稀缺商品。

另一方面，是加工資料。這就像工業時代加工原材料一樣，資料在經過處理和分析後，就能成為對決策有益的資訊和知識。在這個過程中，演算法和運算能力的運用發揮著關鍵作用，它們能夠快速、準確地處理大量的資料，從中挖掘出有用的資訊，並將其轉化為可操作的知識。

這在 Web2.0 階段已經有了非常多的例子，比如電商平台，就收集了大量使用者的購買記錄和行為資料。基於智慧演算法，平台就可以分析出用戶的消費習慣、偏好趨勢等資訊。然後，這些資訊被進一步加工和組織，形成對於商家來說具有指導意義的知識，比如制定更精準的行銷策略或優化產品推薦系統。最終，這些決策能夠促進商家的銷售增長和利潤提升，實現資料的實際價值。

可以說，在 Web3.0 時代，資料就是社會運行的底座，而人類最大的價值也將從工業勞動價值轉變為資料生產價值。

6.3.2 讓個人資料更有價值

與 Web2.0 不同，Web3.0 是資料主權化的時代，是個人資料權屬重新回到個人手裡的時代。對於 Web3.0 時代來說，如何生產出更有價值的資料，如何包裝我們所擁有的資料，並將這些資料放到資料交易所進行交易流通，則成為了一個新近的關切問題──因為資料交易就是 Web3.0 時代的商業核心，尤其是對於個人來說，資料的價值更關係到個人的資產。

從生產資料的角度來看，顯然，如果我們想在 Web3.0 時代生產更有價值的資料，就需要一種新的思維方式和態度。在 Web2.0 階段，個人資料往往被視為被動生成的資訊碎片，而在 Web3.0 的新時代，我們需要意識到自身資料的潛在價值，並積極參與資料的產生和管理過程。這意謂著我們需要主動關注自身行為、健康、社交等方面的資料，透過各種管道和設備收集資料，並意識到這些資料對自身和他人的價值。

行為資料就是一種非常有價值的資料。個人在日常生活中產生的行為資料，比如線上活動、社交互動、行動裝置的位置資訊等，都可以成為個人生產的重要資料成果。這些資料可以用於個性化推薦、精準行銷、醫療健康管理等領域。除了行為資料外，隨著醫療技術的不斷發展和醫療服務的數位化轉型，個人的健康資料也將成為醫療健康產業的重要組成部分。個人可以透過監測健康資料、記錄生活習慣等方式產生醫療資料，並將其用於個性化醫療服務、疾病預防和健康管理等方面。

不僅如此，在資料生產方面，未來，藉助於元宇宙產生各種行為資料，或將成為新的資料生產方式。元宇宙是一個虛擬實境混同的世界，人們可以在其中進行互動、創造和交易。在元宇宙中，個人可以透過與其他用戶的互動、參與虛擬活動等方式產生大量的行為資料，例如移動軌跡、社交互動、虛擬物品交易等。這些行為資料都可以被包裝成資料商品，進入資料交易市場進行交易。

另外，我們還需要關注資料的品質和完整性。在 Web3.0 時代，資料的品質將成為個人資料價值的重要衡量標準。因此，我們需要確保資料的真實性、準確性和時效性，避免資料的失真和誤導。這意謂著我們需要選擇高品質的資料收集設備和技術，並注意及時更新和維護資料，以保證資料的品質和可靠性。

資料生產是一方面，如果我們想讓我們的資料更有價值，少不了的就是對資料進行加工和包裝，這也為 Web3.0 時代提供了新的機遇。

未來，個人資料的商業化培訓有望成為一個新的職業和產業。所謂個人資料的商業化培訓，就像今天我們要在淘寶開網路商店，接受電子商務培訓一樣，或者市面上流行的許多自媒體培訓課程一樣，只不過，個人資料的商業化培訓，是幫助我們提升處理和利用個人資料的能力，從而使其個人資料更具有商業化的價值。

個人資料的商業化培訓的範圍也非常廣，從訓練人工智慧助手處理個人資料，到整理和歸類日常生產的資料等等。在 Web3.0 時代，我們每個人可以利用各種人工智慧技術來處理和分析自己的資料，從而發現其中的潛在價值。而個人資料的商業化培訓師，就可以使用機器

學習演算法來訓練人工智慧模型，使其能夠理解和分析使用者的個人資料。基於此，使用者就可以利用機器學習演算法來分析自己的購物習慣，社交行為等，從而發現其中的規律和趨勢，為個人商業化提供有力支援。

個人資料的商業化培訓也包括幫助用戶整理和歸類日常產生的資料。在日常生活中，個人產生了大量的資料，包括社群媒體的資訊、購物記錄、健康資料等。如何有效地整理和管理這些資料，使其成為有用的商業資源就是個人資料商業化培訓的重要內容之一，這涉及到資料清洗、資料標注、資料建模等技術和方法，以確保資料的品質和可用性。

基於個人資料的商業化培訓，人們就可以擁有更多技能和方法來處理自己的資料，使其更具有商業化的價值。每個人也將更好地理解自己的資料，並發現其中的潛在商業機會。這為個人在數位經濟時代找到更多的商業機會，實現個人資料的最大化價值提供了強大的支援，為個人的職業發展和經濟獨立提供了新的可能性。這也會反過來將進一步動個人資料主權的發展，促進數位經濟的繁榮與發展。

7
CHAPTER

通往 Web3.0 還需要幾步?

7.1 技術之難，Web3.0 何時能實現？

Web3.0 許諾了一個數位身分和個人資料主權的美好未來。在 Web3.0 的世界裡，每個人都能平等參與和享受權益──我們不再是被動的社交網路使用者，而是這個網路的主人。每一次點擊、每一條消息、每一個行為，都在為這個網路添加新的價值。在這裡，每個人都可以是經濟體的一部分。

當然，理想是美好的，想要實現美好的理想，終究還是要從現實出發。現實是，Web3.0 是一個基於前沿技術而生的未來概念，Web3.0 實現的前提，就是人工智慧、量子計算、量子通信、DNA 儲存等前沿技術的成熟，但就目前而言，我們離技術成熟，還有一段路要走。

7.1.1 量子技術的限制

Web3.0 時代離不開量子技術，尤其是量子計算和量子通信，對於 Web3.0 來說，如果我們想構建真正去中心化的計算和絕密的通信，離不開量子計算和量子通信的支援。但目前，量子技術仍處於開發階段，離實用化仍有距離。

量子計算商業化之路漫長

量子計算可以說是未來數位化世界的基礎技術，除了能給 Web3.0 帶來去中心化的計算外，量子計算也關係到人工智慧能否進一步突破。

儘管以 ChatGPT 為代表的 AI 大模型的爆發，讓我們看到了通用人工智慧的希望，但這也對運算能力提出了越來越高的要求，然而，受到物理製程的約束，運算能力的提升卻是有限的。1965 年，英特爾聯合創始人 Gordon Moore 預測，積體電路上可容納的元器件數目每隔 18 個月至 24 個月會增加一倍。摩爾定律歸納了資訊技術進步的速度，對整個世界意義深遠。但古典電腦在以「矽電晶體」為基本器件結構延續摩爾定律的道路上終將受到物理限制。

電腦的發展中電晶體越做越小，中間的阻隔也變得越來越薄。在 3 奈米時，只有十幾個原子阻隔。在微觀體系下，電子會發生量子的穿隧效應，不能很精準表示「0」和「1」，這也就是通常說的摩爾定律碰到天花板的原因。儘管當前研究人員也提出了更換材料以增強電晶體內阻隔的設想，但客觀的事實是，無論用什麼材料，都無法阻止電子穿隧效應。此外，由於可持續發展和降低能耗的要求，使得透過增加資料中心的數量來解決古典計算能力不足問題的舉措也不現實。在這樣的背景下，量子計算就成為了大幅提高運算能力的重要突破口。

然而，當前，量子計算商業化仍停留在技術探索階段。儘管目前，量子計算已經在理論與實驗層面取得了一些重大突破，包括美國、歐洲、中國在內的一些國家，都在量子計算方面取得了不同的突破與成就，也有了一些相應的商業運用。但目前這些商業運用都還處於早期階段，或者說是處於技術的探索運用階段。

究其原因，一方面，打造量子電腦的前提是需要掌握和控制疊加和糾纏：如果沒有疊加，量子位元將表現得像古典位元，並且不會處於可以同時運行許多計算的多重狀態。如果沒有糾纏，即使量子位元

處於疊加狀態,也不能透過相互作用產生額外的洞察力,從而無法進行計算,因為每個量子位元的狀態將保持獨立於其他量子位元。

可以說,量子位元創造商業價值的關鍵就是有效地管理疊加和糾纏。其中,量子疊加和糾纏的狀態,也被稱為「量子相干」的狀態,在此狀態下量子位元會相互糾纏,一個量子位元的變化會影響其他所有量子位元。為了實現量子計算,就需要保持所有的量子位元相干。然而,量子相干實體所組成的系統和其周圍環境的相互作用,會導致量子性質快速消失,即「退相干」。

通常,量子計算演算法的設計目標是盡量減少需要的量子門數量,以在退相干和其他錯誤源產生影響之前完成計算任務。這往往需要一種混合計算方法,將盡可能多的計算工作從量子電腦轉移到古典電腦上。科學家們普遍認為,一個真正有用的量子電腦需要具備1000到100,000個量子位元。

但諸如著名量子物理學家Mikhail Dyakonov等量子計算懷疑論者指出,描述有用的量子電腦狀態的大量連續參數也可能是其致命弱點。以1000量子位元機器為例,這意謂著量子電腦有2^{1000}個參數隨時描述其狀態,大約是10^{300},這個數字大於宇宙中亞原子粒子的數量。那麼,如何控制10^{300}個參數?如果無法有效地控制和維持這些參數,量子電腦的性能和可靠性可能會受到影響,成為一個潛在的致命弱點。

根據科學家的說法,閾值定理證明這是可以做到的。他們的論點是,只要每個量子門的每個量子位元的錯誤低於某個閾值,無限長的量子計算將成為可能,代價是要大幅增加所需的量子位元數。額外的

量子位元需要透過使用多個物理量子位元形成邏輯量子位元來處理錯誤。這有點像當前電信系統中的糾錯，要使用額外的比特來驗證資料。但這大幅增加了要處理的物理量子位元的數量，正如我們所見，這已經超過了天文數字。

舉個例子，古典電腦中使用的典型 CMOS 邏輯電路，其中二進位 0 表示電壓在 0V 到 1V 之間，而二進位 1 表示電壓在 2V 到 3V 之間。如果在二進位 0 的信號中加入了 0.5V 的雜訊，最終測量結果仍然會被正確識別為二進位值 0。這意謂著，古典電腦對於雜訊具有很強的抵抗力，即使有小的電壓波動，它們仍然能夠正確工作。

然而，對於一個典型的量子位元，0 和 1 之間的能量差僅為 10^{-24} 焦耳，這相當於 X 射線光子能量的十億分之一。微小的能量差使得量子位元非常敏感，容易受到雜訊和干擾的影響。這就是為什麼量子計算中糾錯成為一個巨大的挑戰的原因。科學家擔憂，量子糾錯會在輔助計算方面帶來巨大的開銷，從而難以發展量子電腦。

另外，從商業化角度來說，目前量子科技賽道的企業幾乎沒有實現累計盈利。由於技術壁壘較高，企業研發投入動輒高達數十億，產品卻依舊不斷試錯中，商業化難以開拓。道格・芬克追蹤了 200 多家量子技術初創企業後，預計絕大多數在 10 年內將不復存在，至少不復以目前的形式存在。他表示：「可能會有一些贏家，但也會有很多輸家，有些將倒閉，有些將被收購，有些將被合併。」此外，目前，學界和工業界都在開發各種固態量子系處理器，技術路線無統一定論，商用層面的通用量子計算技術的統一標準更無從談起。

可以看見，儘管目前的量子計算技術獲得了一系列的突破，也處於不斷突破的過程中，世界各國政府也都非常重視，並投入了大量的財力、人力，但距離真正的規模性商業化還有一段路要走。規模商業化需要的是對技術穩定性的要求，這與實驗性與小規模應用有著本質的區別。

目前量子計算技術面臨的核心問題還是在實證物理階段的困擾，在理論物理階段，量子計算已經基本成熟，但進入實證物理階段的時候，我們需要的是讓這個難以琢磨以及極為不穩定的量子糾纏能夠成為一種可掌握的「穩定性」技術。

量子通信的技術難點

量子通信的核心就是利用量子糾纏效應進行資訊傳遞。量子通信又可以氛圍量子金鑰分發（QKD）和量子隱形傳態（QT）。

其中，量子金鑰分發是在資訊收發雙方進行安全的密匙共用，藉助一次一密的加密方式實現雙方的安全通信。利用量子的不可測性和不可複製性，從而實現資訊的不可竊聽，這首先需要在收發雙方間實現無法被竊聽的安全金鑰共用，之後再與傳統保密通信技術相結合完成古典資訊的加解密和安全傳輸。量子隱形傳態則是基於量子糾纏態的分發與量子聯合測量實現量子態資訊的直接傳輸，在量子資訊的轉移過程中不移動資訊載體本身。

但不管是量子金鑰分發，還是量子隱形傳態，都還有諸多技術尚未解決。

對於量子金鑰分發來說，一方面，當前的量子金鑰分發的理論和實驗工作都暫未突破無中繼情形下量子金鑰分發成碼率 - 距離的極限。也就意謂著我們當前對於量子金鑰的傳輸，還沒有找到超越傳統古典物理限制的方法。在無中繼情況下，距離將成為限制因素，因為量子態在傳輸過程中會受到信號衰減的影響。隨著距離的增加，光子數目減少，導致接收設備在單位時間內接收到的光子數減少，進而影響了金鑰的分發速率。這個問題可以透過增加光子發射率和使用高效探測器來部分緩解，但在長距離傳輸中仍然存在挑戰。

另一個限制因素是測量設備的雜訊。即使在理想情況下，測量設備也會引入一定程度的雜訊。隨著距離的增加，信號的衰減會導致測量設備所接收到的光子數減少，與雜訊相對比例增加。當雜訊占比超過一定界限時，金鑰的分發將變得不可行。這限制了 QKD 系統在長距離通信中的性能，因為信號強度降低，雜訊相對增加，從而限制了可用的金鑰分發速率。

量子隱形傳態目前也仍然是實驗室中的現象，比如 2008 年，東京大學的科學家將量子資訊傳送到了東京市幾公里的範圍內。量子隱形傳態與光纖相結合，使團隊能夠遠距離發送糾纏光子。2011 年，國際上首次成功實現了百公里量級的自由空間量子隱形傳態和糾纏分發，解決了通訊衛星的遠距離資訊傳輸問題。2015 年，NIST 的一組研究人員在 100 公里（km）光纖上傳輸了量子資訊，比以前傳輸距離遠了四倍。2019 年，南京大學發起了基於無人機展開空地量子糾纏分發和測量實驗，無人機攜帶光學發射機載荷，完成與地面接收站點之間 200 米距離的量子糾纏分發測量。但這些突破仍然只是實驗性而非應用性的，量子隱形傳態離我們尚有距離。

7.1.2 DNA 儲存仍需解決成本問題

雖然 DNA 儲存是一項屬於未來的儲存技術，但關於 DNA 儲存技術的研究早在 2000 年代就已經開始。2000 年，美國生物學家把一段資訊「刻」進了細菌的體內，這段資訊就是愛因斯坦著名的質能方程「E=mc2」。2003 年，又有科學家把迪士尼動畫片中的一段音樂「刻」進了細菌體內。到了 2010 年，當首個人造細胞誕生時，帶領該項工作的美國基因學家約翰 · 克萊格 · 凡特（John Craig Venter）則把所有參與該專案的科學家的名字「刻」進了人造細胞的 DNA 上。

科學家們在 DNA 儲存技術研究中，展現了可以將文書檔案、影片資料等幾乎所有東西儲存在 DNA 的能力。

不過，DNA 儲存技術一直有一個大問題，就是所有的過程中依然需要眾多的人力。好在微軟公司和華盛頓大學最終打破了這一技術瓶頸。在微軟和華盛頓大學的研究中，他們設想了 DNA 儲存的另一個功能：隨機讀取。常見的 DNA 測序技術中，必須要將所有的鹼基串一次性讀取完，才能夠獲得資訊。要麼不讀取，要麼全讀取。如果只想要資料中的某一個小片段，就會非常麻煩。2016 年，微軟公司和華盛頓大學的科學家發表了一項研究，可以在 DNA 已經儲存的資訊中搜索到指定的圖像，定位後，用酶來複製所需的 DNA 片段，然後只需要讀取這一小段就可以。

隨機讀取是解決了，解讀問題又隨之而來，要讓 DNA 儲存離商用更進一步，還需要解決合成速度和成本問題。

現在合成速度是每秒儲存上千個位元組（KB），成熟的雲端儲存方案已經有每秒千百萬位元組（GB）以上。這意謂著，編寫 DNA 的速度還需要提升 6 個數量級。

如何提升資料處理量？就像平行計算能夠提升資料處理速度，科學家希望 DNA 在合成時也可以並行多條，同時處理。2021 年，微軟開發出首個奈米級 DNA 記憶體，能夠在每個平方公分的區域上，同時合成 2650 條鹼基序列。這個新的技術把原來同時合成鹼基序列的數量從個位提升到了千位。這個輸送量，讓 DNA 合成速度變成了每秒百萬位元組（MB）。

更大的輸送量，也就意謂著更低的成本。現在 DNA 儲存的成本是每萬億位元組（TB）8 億美元。儘管磁帶儲存成本已經降到了每萬億位元組 16 美元以下，看起來，DNA 儲存似乎毫無競爭力。但現實生活中的大型資料中心的維護成本極高，還要定期更新硬體；DNA 儲存密度大、體積小、可以長時間不變質的優勢就變成了降維打擊。

可以說，和過去相比，隨著生物技術的發展，DNA 儲存費用已經呈現大幅下降的趨勢。就拿基因測序的費用來說，最早的人類基因測序花了將近 27 億美元的成本和十五年的時間，但是十五年後，今天，我們只要繳納 1000 美元的費用給企業，就可以在幾週內拿到基因分析結果。技術已經變得相當大眾化了。考慮到指數型科技的成長速度，或許，DNA 儲存很快就可以步入商業化階段。

而隨著這些前沿技術的成熟和應用，Web3.0 也將逐漸從想像成為現實，並推動人類走向數位遠方。

7.1.3 能源問題是房間裡的大象

隨著我們逐漸走向一個數位化的世界，未來，在 Web3.0 時代，能源問題也將成為一個必須要面對的問題。

今天，僅僅是人工智慧這一項技術，就已經消耗了太多能源。從計算的本質來說，計算就是把資料從無序變成有序的過程，而這個過程則需要一定能量的輸入。經濟學人 2023 年發稿稱：包括超級電腦在內的高性能計算設施，正成為能源消耗大戶。根據國際能源署估計，資料中心的用電量占全球電力消耗的 1.5% 至 2%，大致相當於整個英國經濟的用電量。預計到 2030 年，這一比例將上升到 4%。

如果這些消耗的電力不是由可再生能源產生的，那麼就會產生碳排放。這就是機器學習模型，也會產生碳排放的原因。ChatGPT 也不例外。

有資料顯示，訓練 GPT-3 消耗了 1287MWh（兆瓦時）的電，相當於排放了 552 噸碳。對於此，可持續資料研究者卡斯帕 - 路德維格森還分析道：「GPT-3 的大量排放可以部分解釋為它是在較舊、效率較低的硬體上進行訓練的，但因為沒有衡量二氧化碳排放量的標準化方法，這些數字是基於估計。另外，這部分碳排放值中具體有多少應該分配給訓練 ChatGPT，標準也是比較模糊的。需要注意的是，由於強化學習本身還需要額外消耗電力，所以 ChatGPT 在模型訓練階段所產生的碳排放應該大於這個數值。」僅以 552 噸排放量計算，這些相當於 126 個丹麥家庭每年消耗的能量。

在運行階段，雖然人們在操作 ChatGPT 時的動作耗電量很小，但由於全球每天可能發生十億次，累積之下，也可能使其成為第二大碳排放來源。

人工智慧不僅耗電，還費水。Google 發佈的 2023 年環境報告顯示，其 2022 年消耗了 56 億加侖（約 212 億升）的水，相當於 37 個高爾夫球場的水。其中，52 億加侖用於公司的資料中心，比 2021 年增加了 20%。事實上，不管是耗電還是耗水，都離不開數位中心這一數位世界的支柱。作為為網際網路提供動力並儲存大量資料的伺服器和網路設備，資料中心需要大量能源才能運行，而冷卻系統是能源消耗的主要驅動因素之一。

當前，儘管熱 / 海洋熱、自然機械能（風能、潮汐以及其他自然機械能）等也作為新能源被寄予革新能源開採的希望，但化石能源之外，最有可能「上位」的新能源，依舊還是太陽能。太陽中的輕原子發生核融合，產生大量的熱和光，這些光熱旅行 500 秒、穿越 1.5 億公里，供養了地球數十億年。

當然，太陽的光熱並沒能讓其他行星萬物生長，究其原因，是地球生物在約 30 億年前就演化出「光合作用」的奇妙功能，即微生物和植物利用太陽光把水分解為氫氣和氧氣，並從空氣中捕捉二氧化碳分子，把這些混合的分子原子轉化為有機碳體，然後把多餘的氧氣釋放到空氣中。

從能量的角度來說，光合作用過程把自然中功率密度較低、較紊亂的水和二氧化碳分子轉化為功率密度較高並且較有序的有機碳體物質，既增加了能量的功率密度，也減少了整個體系的紊亂程度（熵減

少)。化腐朽為神奇的光合作用，是讓地球上的生物耐以生存的最基本的技術。光合作用給人類樹立了一個能源操控的榜樣。

從可再生性和儲量來看，太陽能則是唯一能夠保證人類能源需要的來源。世界上水能資源理論儲量只有 39 萬億千瓦時 / 年，風能資源理論儲量為 2000 萬億千瓦時 / 年；而太陽能資源理論儲量高達 150000 萬億千瓦時 / 年。

可以說，新能源中只有太陽能才是代表未來的真正的能源，其它潮能、地熱能、風能、水能等都是煤炭、石油等能源的補充能源，而太陽能將對煤炭、石油等實現真正的能源替代。

而從能源技術來看，比較受關注的技術則是核融合技術。核融合發電技術因生產過程中基本不產生核廢料，也沒有碳排放污染，被認為是全球碳排放問題的最終解決方案之一。2023 年 5 月，微軟與核融合初創公司 Helion Energy 簽訂採購協定，成為該公司首家客戶，將在 2028 年該公司建成全球首座核融合發電廠時採購其電力。

無論是上一輪、還是下一輪能源革命，科學技術都是驅動能源變革的重要因素。科學家透過所發現的自然現象而發明新的能源操控技術、人們進而發明新機器和工具，從而讓人類高效而充分使用能源，這是最為關鍵和基本的一條科技發展路徑，會深刻地驅動各方面的科技和社會變化。

實際上，能源革命的內在邏輯，就是人類文明發展的需求驅動──原始社會能源主要滿足生存需求；封建社會人類生活品質提高，初級工業生產使得對能源的需求量大幅提升；工業革命以來社會文明加快發展，人類對交通、資訊和文化娛樂的需求大幅提升，未來的

Web3.0 時代對能源的需求量更是達到了前所未有的高度，這也將推動能源生產和消費再次進入新的能源發展歷程。

7.2 誰在阻礙 Web3.0？

我們已經知道，Web3.0 的核心就在於「重構網際網路控制權」，用戶不再依賴中心化主體提供服務，而是自己控制數位身分和個人資料，實現了去平台化去中心化的設想。要實現 Web3.0 的這種設想，顯然還面臨許多挑戰，即便是解決了技術問題，Web3.0 仍然面對來自中心化巨頭、監管等諸多挑戰，此外，用戶的意識覺醒也必不可少。

7.2.1 Web3.0 不是「胡言亂語」

早在 2021 年，Web3.0 就被路透社評為年度科技熱詞，許多科技公司和前沿工作者都表示要擁抱 Web3.0。然而，3 年過去了，在今天，Web3.0 依然是一個模糊而籠統的概念，很多人都知道 Web3.0，但卻不知道 Web3.0 到底是什麼。

在路透社的定義中，Web3.0 被用來描述網際網路下一個階段：一個基於區塊鏈技術的「去中心化」網際網路。在這種模式下，使用者將擁有平台和應用程式的所有權，這將不同於今天的網際網路。

如果以這種定義來尋找 Web3.0，以太坊似乎是最接近的一個。在這個去中心化的網路中，已經建立起數量繁多的去中心化應用，包括 Uniswap、Compound 等。使用者們使用這些應用程式無需註冊、認證，保護了隱私權，可以更好地控制個人身分和使用資料。但以太坊

網路應用更多還停留在金融這個單一領域，它的覆蓋面不夠廣，甚至許多應用也沒那麼去中心化，頻繁發生的項目方監守自盜案便是典型的例子。

馬斯克則對 Web3.0 嗤之以鼻，甚至在 2021 年直言 Web3.0 聽起來像「胡言亂語」。馬斯克還表示，目前的 Web3.0 更像是行銷流行語而不是現實，「好奇 10 年、20 年甚至 30 年後的未來會是什麼樣子。2051 年聽起來就是瘋狂的未來主義。」可以看到，對於 Web3.0，一向擁抱未來科技的馬斯克倒是更為保守，將當前的 Web3.0 發展階段定位為「行銷流行語」，暗示濃厚的炒概念氣氛。

而 Web3.0 之所以會出現這樣的情況，原因就在於當前人們對於 Web3.0 並沒有共識，不同的組織、機構和個人有不同的認識──就像一千個讀者有一千個哈姆雷特一樣。再加上市場上關於 Web3.0 的炒作到處都是，卻缺乏實質落地應用，以至於 Web3.0 在今天依然是一個小眾且高門檻的行業，甚至不斷的被虛擬貨幣圈引導成一些類似於虛擬數位貨幣投機炒作的概念。

當然，也有共識存在。事實上，隨著 Web3.0 被越來越頻繁地討論，再加上前沿科技的不斷突破，人們對於 Web3.0 的設想已經漸漸清晰。站在前沿科技的角度來討論 Web3.0，Web3.0 的核心其實就是重構網際網路控制權。在 Web3.0 的未來世界中，用戶不再依賴中心化主體提供服務，對個人身分、資料有更多控制權，屆時，個體用戶將瓜分之前網際網路巨頭擁有的商業價值。

但在此之前，Web3.0 的定義仍需要進一步明晰，同時也需要使用者覺醒「拿回控制權」的意識。在 Web2.0 時代，使用者習慣了將個人資料和身分交給中心化的平台，以換取便利和服務。然而，這種模式也導致了使用者資料的濫用和商業價值的集中，削弱了個人的權利。因此，在 Web3.0 時代，使用者需要重新樹立數位身分主權和個人資料主權意識，認識到我們每個人都擁有對我們的數位身分和個人資料具有控制和運用的權利。只有當用戶開始追求自主、隱私和安全時，才能真正推動 Web3.0 的實現和發展。

7.2.2 中心化巨頭的阻礙

Web3.0 的願景無疑是好的，在 Web3.0 的概念裡，未來每位用戶都將是參與經營網際網路環境的締造者，而不是現在作為平台產生流量賺取廣告費的工具人。Web3.0 有著利於網際網路「消除權威」的重要特徵，甚至有種說法是 Web3.0 將是一場公眾對抗巨頭的全面勝利。但勝利顯然是不容易的，是會面臨許多障礙的，尤其是來自中心化巨頭的阻礙。

事實上，今天，Web2.0 階段的科技巨頭也對 Web3.0 進行了佈局。在海外，網際網路巨頭 Google 就已經赤裸的展現出其對 Web3.0 的熱情和決心。2022 年 5 月，Google Cloud 副總裁 Amit Zavery 在一封郵件中告訴員工，Web3.0 市場已經顯示出巨大的潛力，許多客戶要求我們增加對 Web3.0 和加密貨幣相關技術的支援。因此，在造價 30 億美金的總部大樓裡，Google 正式成立了其第一個 Web3.0 部門，將為區塊鏈開發人員提供後端服務，把目光瞄向了 Web3.0 世界的基礎設施。

Google Cloud 把 Web3.0 熱潮比作 10-15 年前開源和網際網路的興起，在其官方部落格中稱：「區塊鏈和數位資產正在改變世界儲存和傳遞資訊以及價值的方式。」

在雲端服務商領域，Google 並不是第一個宣佈進入 Web3.0 的網際網路巨頭，亞馬遜的 AWS、微軟的 Azure 更是先一步。

社交領域上，推特和 Meta 兩大社群平台也展開了激烈的競爭。作為推特創始人之一的傑克・多西（Jack Dorsey），是 Web3.0 的忠實擁護者。在他擔任推特執行長的最後兩年間，推出了一系列有利於 Web3.0 和加密貨幣的措施。2020 年推出 Twitter Space，為大量 Web3.0 從業者提供了線上交流的空間；2021 年 7 月在推特發佈 NFT 產品，讓推特的使用者頭像可以顯示為 NFT，並被認證；還支持所有加密圈人士都有一個推特帳號，而且每一個加密專案都會在推特註冊帳號，並且在其中發佈連結。然而最終因為盈利無望，2021 年多西還是被迫離開了推特。

眼看就要落後於競爭對手的 Meta，也開始加快探索 NFT 和 Web3.0 的步伐。2022 年 6 月 30 日，Meta 發言人在推特上表示，已開始在 Facebook 上為部分美國創作者測試 NFT，這些 NFT 運行在以太坊和 Polygon 上。很快，它還會增加對 Solana 和 Flow NFT 的支持。而在此之前，Meta 旗下 Instagram 已經開始向部分使用者開放使用 NFT。

另一邊，電商巨頭 eBay、Shopify 等也開始探索起 NFT 和 Web3.0 市場。去年 eBay 宣佈允許在平台上買賣 NFT，2022 年 6 月 eBay 完成了對 NFT 交易平台 KnowsOrigin 的收購。Shopify 也推出一項銷售 NFT 商品的服務，賣家可創建並銷售 NFT 商品。

而 Netflix 等影視巨頭，也在其多個優質影視作品中嘗試 NFT 的使用，比如《怪奇物語》和《愛、死亡和機器人》。

與此同時，在中國的網際網路大廠騰訊、字節跳動、百度、京東、B 站、小紅書等也一擁而上，進入 NFT 行業。比如，抖音海外版 TikTok 在 2021 年就已在 Immutable X 支持的專用網站放置 NFT，旨在規避區塊鏈能源弊端，同時其在去年 10 月就推出 NFT 合集 TikTokTop Moments。騰訊參投的 NFT 專案，澳大利亞 NFT 遊戲公司 Immutable 完成 2 億美元融資。2022 年 3 月，阿里巴巴早年收購的香港銷量冠軍《南華早報》成立了 NFT 公司「Artifact Labs」，其將基於 Flow 區塊鏈鑄造，買家可以對某一歷史事件的特定 NFT 進行競拍，或者購買一盒選定事件的頭版。

但是，需要潑一盆冷水的是，當前，基於區塊鏈、NFT 的所謂的 Web3.0 項目和佈局，都不是真正的 Web3.0。而網際網路巨頭們之所以一擁而上進入 Web3.0 行業，無非是為了提前佈局下一個網際網路時代，盡可能的占得先機。但真正的 Web3.0 一定會顛覆 Web2.0，打碎 Web2.0 階段的平台經濟，並重新塑造以資料交易為核心的商業模式。而從 Web2.0 到 Web3.0，從中心化到去中心化，從平台主權到用戶主權的這個過程，則會受到今天的網際網路巨頭們的阻礙。

顯然，中心化巨頭擁有巨大的資源和影響力。這些公司在過去幾十年裡積累了龐大的使用者基礎、資料資產和市場佔有率，形成了幾乎壟斷性的地位。它們掌握著巨額資金、先進技術和龐大的使用者資料，可以輕易地阻礙競爭對手的發展，並透過收購、合併等手段加強

自身的壟斷地位。因此，要打破這種壟斷格局，是需要強大的反壟斷法律和政策，以及公平競爭的監管機制。

其次，中心化巨頭在技術、服務和市場方面也擁有巨大的優勢。它們擁有先進的技術團隊和研發實力，可以不斷推出新產品和服務，滿足使用者需求並搶佔市場佔有率。同時，它們還可以透過壟斷地位來限制競爭對手的發展，比如透過封鎖、遮罩或歧視性演算法等手段。因此，要實現Web3.0的願景，還需要建立開放、公平、透明的市場環境，鼓勵創新和競爭，保護小型企業和創業者的權益。

另外，中心化巨頭掌握著大量的使用者資料，具有強大的資訊優勢。它們可以透過資料分析和演算法優化來實現個性化推薦、精準行銷和用戶行為操控，從而進一步鞏固自身的市場地位和利潤來源。

此外，實現Web3.0還需要考慮的一個問題是，在未來，當商業價值都歸用戶所有時，那麼誰來為項目早期的啟動提供實質激勵？一個典型的例子是，滴滴和Uber曾在計程車市場進行過一場燒錢大戰，最終改變了人們的交通方式。換言之，當沒有中心化公司來驅動時，Web3.0應用的發展速度可能會變得緩慢，迭代效率也可能顯著低於中心化巨頭。

當然，現實並不悲觀，事實上，不論是哪個時代，只要技術出現新的變化，就有可能誕生出新的巨頭。比如，從Web1到Web2.0的時代，在Google的壟斷下，就誕生出了facebook、推特這樣的社交巨頭。在中國也是如此，儘管有阿里巴巴與騰訊的壟斷，但依然可以誕生了字節跳動這樣的顛覆者。因為每一個時代所形成的大企業，由於其企業自身過於龐大之後，就很難在戰略上作出徹底的轉型與取捨，就必然沒有新型的挑戰者那種輕裝上陣的優勢。

7.2.3 政府監管面臨挑戰

在討論 Web3.0 發展所面臨的阻礙時，我們無法忽視另一個重要的問題，那就是監管問題——當缺乏明確的法律框架和政策指導時，就不可避免地限制 Web3.0 在全球的擴張。

與任何徹底顛覆現有行業的新技術一樣，成長的陣痛是不可避免的。但是並非所有問題都可以透過技術手段解決。如果沒有明確的法律框架和政策指導，傳統機構和組織都無法遵循明確的路徑，也沒有意願參與 Web3.0 生態並在其中投入資源。一旦我們能透過行業合作，在保護創新的同時建立法律框架和政策指導，機構和組織就更有可能真正投身於 Web3.0 事業，成為服務提供者或將現有客戶群導入 Web3.0。

從目前對 Web3.0 的監管來看，在美國，政府採取了快速跟進、支持創新和確保領先的監管政策。他們透過行政命令和地方立法推進 Web3.0 的發展，並建立了定性監管和創新監管的框架。

而在中國，政府採取了支持區塊鏈技術創新和應用的政策，但禁止去中心化金融活動。他們鼓勵區塊鏈技術的發展，推出了數位人民幣，但對於交易和 ICO 等活動採取了嚴格的限制，將其視為非法金融活動。在中國，聯盟鏈可以徵稅，但挖礦被全面禁止。

歐盟對加密貨幣和 Web3.0 的監管政策則較為友好，他們支持創新並注重環境友好。在歐盟，Token 被視為合法財產，加密貨幣可以被視為證券、貨幣、基金或虛擬貨幣的形式存在。目前，歐盟還暫時免徵加密貨幣相關的稅收。

在韓國，政府採取了支援合法數位資產的立場。儘管韓國禁止了ICO，但交易所需要經過政府批准。從 2023 年開始，韓國還將徵收數位資產的資本利得稅。而新加坡則是在監管領域的先行者，他們採取了友好支持的立場。

在新加坡，Token 被分為證券型、支付型和實用型，並且相關業務可以獲得合規牌照。此外，新加坡還免徵加密貨幣相關的商品和服務稅。

需要指出的是，當前對 Web3.0 的監管重心主要還是集中在區塊鏈技術以及加密貨幣、智慧合約等金融活動方面。但站在未來的角度來看，真正實現 Web3.0 所需要的監管將不止於此，包括使用者數位身分主權和個人資料主權的保護，以及對資料交易的合法合規的監管。

在今天的 Web2.0 時代，我們的數位身分資訊往往被集中儲存在中心化的服務提供者那裡，存在被濫用和侵犯的風險。而在 Web3.0 時代，個人擁有更多的控制權和隱私保護，因此，未來，監管機構需要確保數位身分系統的安全性和隱私保護機制的健全性，防止個人身分資訊被竊取或濫用。除了我們的數位身分外，個人資料在 Web3.0 時代將成為一種重要的資產，未來，每個人都將擁有更多對資料對控制權，但這也面臨著資料安全和隱私保護的挑戰。監管機構需要建立健全的資料保護法律框架，確保個人資料不會被未經授權的訪問和使用，同時規範資料收集、儲存、處理和傳輸的行為，保護個人資料主權和隱私權。

當然，對資料交易的合法合規監管也是 Web3.0 監管的重要內容之一。隨著 Web3.0 的發展，資料交易將成為 Web3.0 時代最核心的商業

模式。這也必然會存在著資料濫用、侵權和不當交易等問題。監管機構需要建立健全的資料交易法律和規則，明確資料交易的合法性和合規性要求，規範資料交易平台的營運行為，保護資料交易的公平、公正和安全，促進資料資源的合理流通和利用。

值得一提的是，雖然政府監管可以使 Web3.0 更加透明，改善其問責制度，保護消費者權益，並透過技術突破創造一個安全穩定的環境，從而促進創新。監管還有助於吸引有合規需求的投資機構，為他們提供安全可靠的投資管道。這可以幫助 Web3.0 吸引更多資金，為該領域的進一步發展提供資金支持。

但另一方面，一直以來，政府和監管也被視為去中心化系統的威脅，因為它們可能會減緩創新速度，限制言論自由。在新興技術和領域中，創新是推動發展的關鍵驅動力之一。然而，政府和監管機構的介入往往伴隨著繁瑣的審批流程、法律法規的限制等，這可能會增加企業和創新者的成本和風險，從而阻礙創新的發展和推廣。特別是考慮到合規的高成本和複雜性，對 Web3.0 公司和初創企業來說，遵守諸多 Web3.0 法規將會是一個重大挑戰。對小型實體而言，這更是障礙重重，而企業也將面臨更多的法律不確定性和商業風險。因此，政府需要採取平衡的監管措施，在重視用戶保護的同時，也要鼓勵創新。

此外，監管的介入也可能意謂著政府機構獲取系統的控制權。Web3.0 的核心理念就是消除中心化權力，實現權力的分散和民主化。然而，政府和監管機構的介入可能會導致他們獲得對系統的控制權，這與去中心化架構的原則相悖，可能會導致權力濫用和系統的不穩定。在一些國家，比如美國和中國，一些資料會被要求必須儲存在國家的邊界之內。

可以說，政府和監管既是 Web3.0 發展的機遇，也是威脅，關鍵就在於找到創新和監管之間的平衡，使其利大於弊。

7.3 Web3.0 時代終將到來

Web3.0 時代終將到來，這是必然的、不可逆轉的趨勢。

很多人在今天可能覺得 Web3.0 非常抽象，也非常遙遠，包括 Web3.0 所需要的一些底層技術都還沒有進入商業化，也都還難以成熟應用。但不管是從技術發展的趨勢，還是人類文明演進的方向來看，我們最終都會走向 Web3.0 時代。

從技術發展趨勢來看，在物聯網、人工智慧、元宇宙等各式各樣數位技術的快速發展下，人類社會正逐漸邁入數位孿生時代的階段。在這個時代，我們不再只是生物人，而是擁有了一個數位化的孿生體。數位孿生人時代的到來將必然導致數位身分和數位主權的興起，人類必然會進入一個數位主權意識覺醒的時代，並意識到個體資料的所有權和控制權的重要性。

當這種認識將進一步加強時，就會催生出對當前中心化平台資料壟斷的抵制。人們也會開始反思資料的集中管理和控制是否符合個人利益，是否有利於社會的公平和發展。這也會推動人們開始尋求新的商業模式，這些商業模式將以數位身分主權和個人資料主權為基礎，重新塑造資料的流通和利用方式，這就是今天我們所謂的 Web3.0。

從人類文明演進的方向來看，實現 Web3.0，意謂著實現數位主權，意謂著將使用者視為人，而不是資料經濟機器中的齒輪。

目前，Web2.0 雖然依然強大，一些網站擁有數以億計的用戶，市值高達數百億美元。但其實，這種強大背後的底層邏輯已經不行了，即對使用者資料和資產的過度集中控制。Web2.0 的網際網路巨頭們通常以擁有大量使用者帳戶、使用者資料和使用者資產為榮，卻忽視了這種集中控制對用戶權益的剝奪。

過去，人們追求上網的便利，對於數位身分、隱私權益、資料資產等問題並不重視，結果就是數十家巨頭壟斷了網際網路。舉個例子，網際網路的發展讓我們能夠隨時分享，這讓很多人越來越不在乎公共和私人領域的區別，甚至到了一個漠視它的地步。比如很多家長，在網路上把自己孩子的照片上傳跟朋友分享，甚至放到社群網站給公眾看。但是他們這麼做的同時卻不會去想，今天這個兩三個月大的孩子，長大後願不願意他小時候光屁股的照片跟著他一輩子，照片會流向哪裡，很少有人關注。

事實上，很多時候的資料洩露和隱私暴露，固然有平台的原因，但其實，我們自己也放棄了對自己隱私的保護。很多人天真地在網路中暢遊，以為一切都是那麼的安全，卻不知我們在網際網路上所留下的一切資訊與痕跡都有可能被獲取。如果我們都能對大數據與個人資訊隱私安全有一定的瞭解，在面對各種電話、郵件或者其他任何方式的套路時，我們至少能有基本的防範意識。

好在如今，已經有越來越多的企業和個人開始意識到這些問題，有越來越多的人開始重視資料的權屬和權益問題。對企業而言，那些有一定規模和自主觀念的企業已經覺醒，不願再把資料交給巨頭們任意使用。企業的覺醒只是一個開始，接下來，就是小 B、大 C、小 C，最後所有人都會要求自主身分、自主資料、自主社交關係、自主資產、自主權益。這種趨勢是不可逆轉的。

儘管從現狀來看，反抗中心化巨頭的力量依然是弱小的，特別是在一些集中度超高的領域，比如社交網路、短影音，個體使用者或者勢單力弱的網紅、大 V、MCN 機構們，還要受到平台的控制。但人們的不滿和憤怒正在積聚，每一次平台濫用權力都是在為 Web2.0 的終結加速，為 Web3.0 的崛起埋下伏筆。

人們的心態變了，理念變了，這個改變一旦開啟，就不可逆轉。當然，我們也需要承認，現在這個轉變還很細微和緩慢，因為 Web3.0 技術還不夠成熟，甚至就連 Web3.0 的定義也開始模糊和籠統的。

事實上，Web3.0 的思想已經走了很長一段彎路。在今天，絕大部分的組織、機構和專家學者，都是基於區塊鏈技術來討論 Web3.0。但我們站在前沿技術的視角再來看，會發現完全不是一回事。儘管區塊鏈技術在當前的 Web3.0 中扮演著重要的角色，但它並不是唯一的驅動力。區塊鏈雖然具有去中心化、不可篡改、安全性高等優點，但它也存在著諸多侷限性，如性能不足、能源消耗大、擴展性差等問題。而 Web3.0 的實現顯然需要更加廣泛和多樣化的技術支援，包括但不限於人工智慧、量子計算、物聯網、量子通信等。這些技術的綜合應用，才能真正實現 Web3.0 所宣導的開放、透明、安全、隱私保護的數位世界。

現在，Web3.0 思想的問題正在迅速的修正，一部分人開始面向具體問題，解決實際問題。其實這就是層窗戶紙，一旦捅破了，技術和基礎設施會像雨後春筍一樣快速發展，很快就會讓整個行業煥然一新。

而未來，一旦人們嚐到了擁有自主權身分、自主權數據和自主權資產的滋味，沒有人會再願意回到 Web2.0 的世界。

畢竟，擁有自主權身分意謂著個體可以更加自主地管理自己的身分資訊，不再受到中心化機構的限制和控制。這將帶來更大的隱私保護和個人資訊安全，使個體能夠更加自由地選擇何時何地分享自己的身分資訊。同時，擁有自主權數據意謂著個體可以更加自由地管理和運用自己的資料，不再受到大型科技公司的濫用和侵犯。個體可以更加靈活地授權他人訪問自己的資料，也可以更加有效地保護自己的資料隱私，確保自己的權益得到充分尊重。此外，擁有自主權資產意謂著個體可以更加自由地管理和運用自己的數位資產，不再受到傳統金融機構的壟斷和控制。個體可以更加自由地選擇投資方向和方式，也可以更加靈活地管理自己的財富，實現個人財務自由和獨立。

可以說，一旦人們體驗到了擁有自主權身分、自主權數據和自主權資產的種種好處，不僅不會願意再回到 Web2.0 世界受氣，相反，人們將更加積極地支援和參與 Web3.0 生態系統的建設和發展，為實現數位自由和公正做出更大的努力和貢獻。

在這個過程中，如果再加上政策和監管的介入，一旦監管者開始使用 Web3.0 的監管機制，Web2.0 的監管方式將變得過時和無效，因為 Web3.0 的監管機制更加適應當前數位化和去中心化的趨勢，可以更好地保護市場參與者的權益和市場的穩定。

說到底，今天，人們的心態和理念已經發生了變化，這種改變一旦開始，就將勢不可擋。從企業到個體，從小 B 到大 C，人們都在尋求擺脫中心化控制的解脫之路，這股變革的浪潮是不可逆轉的。Web3.0 的理念正在迅速蔓延，人們終將意識到，只有在數位身分主權和個人資料主權的基礎上，才能實現真正的數位自由和創新。

不論我們是否相信，不論我們是否接受，不論我們是否願意，在多重前沿技術疊加驅動下，網際網路必然迎來一個全新的時代，這是技術的必然，也是歷史的必然，更是新商業的必然。從 Web1.0 到 Web2.0，再到 Web3.0，未來是否會有 4.0、5.0？目前我們不知道，但很顯然 Web3.0 是我們當前可見的未來。而到了 Web3.0 之後，人類會繼續朝著 Web 技術時代發展，還是會在這些顛覆性的前沿技術驅動下朝著一種全新的技術或概念進行發展，這就只能交由未來來解答了。

Note

Note